ちくま文庫

トヨタの闇

渡邉正裕・林克明

筑摩書房

◎目次

第6章 やっぱり大問題を起こしたトヨタ

トヨタの闇

＊本書は、ニュースサイトMyNewsJapanの人気連載企画を再構成したものです。

1章、2章（トヨタの働きやすさ評価）、3章を渡邉正裕が、2章（トヨタで死んだ30歳過労死社員の妻は語る）（闘う労組「全トヨタ労働組合」委員長は語る）、4章、5章を林克明が担当した。一部取材・編集・企画において、伊勢一郎氏、諏訪勝氏、山中登志子氏が協力している。

はじめに――トヨタは本当に優良企業なのか

トヨタ自動車の生産台数が2007年、ついに世界一になる。もちろん世間のイメージは〝優良企業〟。だが、そうとは言えない話も頻繁に聞くので、現場社員の取材を始めると、一様に口が固い。私自身、2004年からの3年余りで、十数人に取材を断られた。話せない理由は何なのか。

そんななか、知人のツテをたどって、辞めたばかりの元社員に話を聞くことができた。現社長・渡辺捷昭《かつあき》氏も輩出した中核部署、調達部門に4年弱、在籍していた人で、トヨタを語るには申し分ない人だ。

私は、以前から噂で聞いて気になっていた質問をした。

――トヨタの社員って、自殺者が多いとよく聞きますが、本当ですか。

元社員は、流暢《りゅうちょう》に話し始めた。

「多いです。特に技術系のほうが多い。設計部門は長時間、1カ所に籠《こ》もるので、精神的に参って自殺に追い込まれます。労組がタブーにするので公にはなりませんが」
——ご自身の部署内では、いかがでしょうか？
「入社1年目、半年ほどの研修期間を終えて調達部門に配属となって間もない頃でした。同じ部署に配属になった同期の新人が、寮に遺書を残して消えたことがありました。それで、みんなで探し回ったんです。会社は、車のナンバーを割り出して、愛知県警に捜索願を出した。結局、〝全国指名手配〟みたいになって、高速道路で検問に引っかかった。東北方面で自殺するつもりだったようです。親に引き取られて、そのまま辞めていきました。真面目でクリーンなヤツだったから、泥臭いウチの仕事に耐えられなかったんでしょう」

この一例だけではなかった。

「自分が辞めた直後ですから、ついこの間のことです。37〜38歳の社員が、社内のトイレで自殺しました。同じ部署なので、もちろん私も知っている人です。上司とウマが合っていなかったので、そのあたりで悩んでいたのかもしれません。詳しい原因はわかりませんが、亡くなったことは事実です」

私は過去3年半で、現役の大企業社員を200人以上取材してきたが、これほどリアルに複数の「体験談」が出てきたのは、トヨタが初めてだった。いったい、この会社はどうなっているのか。

前出の元社員は、「プチ北朝鮮だった」「安定的地位を失う恐怖心をカネと換えていた」と的確な表現を交えて、解説してくれた。地理的にも隔離された状況で、巧みに思想統制されていくのだという。道理で取材にも応じにくいわけだ。詳しくは、他部署の複数の現役社員への取材結果とともに構成した、第2章をお読みいただきたい。

一方で、資本主義社会で一番の権力者である株主の視点からは、トヨタが世界のモノ作り産業をリードする〝優良企業〟とされていることは疑いがない。

トヨタの本質は、まさにこの二面性にある。

レクサス・クラウンの高級イメージと、4畳半・築40年超のボロい寮に住む正社員。

人を大事に育てるイメージと、勤務中に過労死しても労災認定すらされない正社員。

性能が良いというイメージと、実は販売台数よりリコール台数のほうが多いという事実。

生産台数世界一のブランドイメージと、海外での容赦なき解雇や多発する抗議デモ。

だが、年間1000億円超にもなる日本一の広告宣伝費で首根っこをつかまれたメディアは、トヨタの経営側に立った一面的な情報しか流せない。書店には「トヨタ式」「トヨタ流」といった大本営発表情報に基づく「おべんちゃら本」ばかりが並ぶ。CMも含めれば、市場に出回る情報量は、99対1といったところだろう。

本書は、その二面性を持つトヨタの、普段は一般人の眼に触れないほうの部分にフォーカスをあてたものだ。いずれも事実であるにもかかわらず、トヨタを恐れ萎縮《いしゅく》するマスコミには流れない情報ばかりである。

執筆にあたっては、経営側以外からの視点、つまり働く側や消費者の視点からのトヨタについて、ニュースサイト「MyNewsJapan」で連載を続けている原稿を、構成し直した。

弊社は広告収入ゼロを経営方針とすることで、トヨタをタブーとする必要がない。今後も随時、新着情報を更新していくので、トヨタ関係者からの情報提供を、引き続き、強く求める次第である。

2007年10月

MyNewsJapan 代表取締役　渡邉正裕

第1章　トヨタの本質はなぜ報じられないか

――広告料日本一の圧力

〝口止め料〟で自粛する雑誌

トヨタの力を最初に感じたのは、3年前である。『週刊現代』(2004年11月11日号)に拙著『これが働きたい会社だ』の内容を紹介する企画記事が出た際、「有名24社の仕事・カネ・生活ランキング」という一覧表から、トヨタの列だけがザックリ削除されたことがあった。

「働く」という切り口から見た場合のトヨタの評価点が5点満点で2・2点と低かったため、編集部がトヨタに気を遣ったのである。

一覧表に載った自動車メーカーは日産だけ、日本を代表するトヨタがリストから外れるという不自然な表になったわけだが、それほどにトヨタは別格だった。

トヨタ様に気分を害されたら、広告費を削られ、編集長は更迭《こうてつ》されかねない。こうして、トヨタのネガティブ情報は遮断《しゃだん》され、大手マスコミを通しては読者に伝わらない仕組みになっている。

一応、編集者に聞いてみた。

——最初の打ち合わせでは、(大丈夫ですか? の問いに対し)特に問題ないはずって言ってていましたけど、やっぱり無理でしたか。

「ゲラまでいって、最後の編集長判断で消されました。どうも、億単位で広告が入ってるらしいんですよ」

――トヨタの広告って、要するに、口止め料なんですね。

「ほかに、ウチみたいな雑誌に、あんなに広告出す理由なんか、ないじゃないですか……」

版元の講談社は、出版社としては国内最大1000人超の社員を擁し、財務的にも日本で一番体力があると言われている。その第一編集局の、対外的にはジャーナリズムだとうたっている看板雑誌でも、こうなのだ。他の弱小出版社など、トヨタにしてみれば、赤子の手をひねるように操縦できる、ということだろう。もう少し、業界のリーダーとして気概を見せてほしいところではある。

大手で言えば、小学館はさらに弱気だ。昨年（2006年）、『週刊ポスト』の編集者と企画の話をしていた。

――過去最悪ペースだから、「リコールの王者・トヨタ」でも特集したらどうですか？やはり通らない？

「そもそも、そんな企画、言い出す人すらいない。最初から通らないの、わかってますから……」

『週刊ポスト』には、「『利益一兆円企業』の最強「社員待遇」トヨタ「30代で一戸建て」続々　退職前に「ローン完済」も！」（2004年7月30日号）というタイトルの、広告と見まがうばかりの記事が多く、媒体の信頼性を落としている。実際、部数もどんどん減らしている。

トヨタの莫大な広告予算は麻薬のようなもので、一時的な売り上げは保てる。だが、長期的には読者が逃げていく。この記事にしても、地価の安い豊田市周辺でマンションに住む必要はないし、トヨタの待遇は商社やマスコミに比べると、それほど高くはない。この記事は実質的には広告なのだ。読者はそのくらいは見抜くので、買わなくなる。

新聞報道されないトヨタの家宅捜索

主要全国紙はじめ、ほとんどの新聞も、このスポンサータブー構造は、雑誌と基本的に同じである。新聞も雑誌も、売り上げの４～６割を広告収入に依存しているのが一般的だからだ。新聞の場合、確かに社会部系を中心に、多少、原則主義で強気な人が多いが、そういう人はライン長にはなれず、逆に「物わかりの良い人」が部長になるのが通例だ。人事権を握る経営者としては、広告収入減を恐れるからである。

消費者の立場からもっとも深刻なのは、自動車の安全性にかかわる自粛報道だ。

熊本県警は２００６年７月11日、業務上過失傷害の容疑で、トヨタのお客様品質部長(55)、前・品質保証部長で現リコール監査室長(58)、前々任の同部長(62)の３人を、書類送検した。

この容疑者３人は、１９９６年の社内調査で、前輪のかじ取り装置である「リレーロッド」が強度不足で、折れる危険性があることを知りながら、８年間にわたって対策を取らず、２００４年８月12日に熊本県菊池市隈府《わいふ》の県道で５人が重軽傷を負う人身事故を発生させた疑いだった。

警察発表によれば、この事故は、熊本市の男性公務員(当時21歳)が93年式の「ハイラックス」を運転中、リレーロッドが折れて操縦できなくなり、対向車線の男性会社員(同32歳)の車と衝突。男性会社員と家族４人が、全治２～50日の重軽傷を負ったもの。

トヨタは、この事故発生の2カ月余り後、2004年10月26日になって、1988〜1996年に製造された同車約33万台についてリコールを届け出たが、「もっと早くリコールしていれば、事故も起こらなかった」というのが県警の見解。実際、社内調査後の1996年3月には、強度を増した部品に、こっそり変更していたことが発覚した。つまり、それ以前に製造された部品は、8年間もの間、危険な状態で放置されていたことになる。

しかもトヨタは、2004年10月にリコールした際、国内で起きた部品の破損は2000年から2004年の計11件、と国土交通省に報告していた。しかし、2006年7月20日に国交省に提出した報告書では、実は2004年10月までに82件（国内46件+国外36件）の不具合情報があったことを明らかにし、国交省も翌21日、トヨタに業務改善を命じざるを得なかった。この隠蔽《いんぺい》も、かなり悪質だ。

一連の流れのなかで、新聞がトヨタの名前を初めて出したのは、当局が書類送検してからだ。そこを読むと、おかしなことに気づく。

朝日新聞（2006年7月12日付）

「県警が本格的な捜査を始めたのは、事故から約2カ月後の2004年10月。トヨタが国土交通省にリコールを届け、事故と部品との関連について疑いが浮上してからだった。2005年8月に捜査本部を立ち上げ、同社を家宅捜索して資料を押収するなどした」

毎日新聞（西部本社発行2006年7月12日付夕刊）

「県警は、同社が事故後の2004年10月にリコールしたことを受けて捜査を開始し、2005年8月にトヨタ本社を家宅捜索し、多数の書類を押収した。同社の文書保存期間は5年間だが、実際にはそれよりも古い文書も保存されており、早い時期に危険性を認識していたことが裏付けられたという」

つまり、実はトヨタ本社には、家宅捜索が入っていたのである。新聞は普段、捜査状況を前倒しで報じることに血眼《ちまなこ》になっており、家宅捜索が入れば即ニュース。トヨタクラスになると、これ自体が大ニュースであることは疑いがない。同様にリコール隠しが人身事故につながった三菱自動車の家宅捜索は、テレビカメラが中継していた。

だがトヨタの場合、この事実は当時（2005年8月）、主要メディアで、まったく報道されなかった。有料データベース検索によって、少なくとも朝日新聞・毎日新聞・読売新聞・日経新聞では、一文字も報道されていないことが確認された。

朝日記事にあるように「捜査本部」が立ち上げられるほどの大事件ともなれば、同じ警察の建物内にある記者クラブ詰めの大手マスコミ記者が気づかないはずがない。特に家宅捜索の件など、日常的な夜回り取材が恒例化している以上、トヨタのような超大物の捜査状況を知らなかったとは言わせない。知っていて何らかの圧力で書かなかった、自粛した、としか考えられないのだ。まさに、広告という〝口止め料〟の成果というほかない。

脱税を申告漏れと書いてもらえるトヨタ

〝口止め料〟は、さまざまな効果がある。特に、新聞がアリバイ作りとして、どうしてもトヨタにとってネガティブな情報を書かねばならなくなったときに、掲載を目立たないようにしたり、表現を弱めてもらえる。

2006年5月、マスコミ編集者の間で話題になっていたのが、北米トヨタ・大高英昭社長の女性秘書へのセクハラに関する自粛報道だ。女性が社長と北米トヨタ、トヨタ自動車を相手取って慰謝料など約215億円の損害賠償を求める訴えをニューヨーク州地裁に起こした事実について、トヨタの広告がほとんど入らない夕刊紙はトップ扱いで報じたが、日経新聞はAP電を引用する形で、なんとベタ記事を載せただけだった。

国内販売が伸び悩むなか、北米はトヨタの利益の源泉で、不買運動でも起これば、業績への影響は計り知れない。その北米のトップがセクハラ疑惑で訴えられたにもかかわらず、ベタで続報なし。他紙も似たようなもので、200～400字の短い記事を第2社会面に載せたきりで収束を図った。結局、北米トヨタは6日後に社長更迭を余儀なくされ、この問題の重要性が浮き彫りとなった。

あからさまなのが、〝脱税〟をめぐる報道である。実質的に同じ内容でも、「脱税」「所得隠し」「申告漏れ」と表現はいろいろあり、トヨタの場合は、悪質さにかかわらず、まるで簡単な手違いだったかのような「申告漏れ」を見出しにしてもらえることが多いのだ。

2006年12月31日付で、各紙に「トヨタが60億円申告漏れ」という記事が載った。内容を読むと、一般人の認識としては要するに大掛かりな企業ぐるみの「脱税」でしょ、という内容だ。

単なる申告漏れではまったくなく、自動車関連の広告宣伝費を約5億円水増ししていた、と認定されている。つまり、本来発生していない架空の5億円を意図的に計上することによって、悪質な「所得隠し」を働き、トヨタもそれを認めている。国税庁はトヨタに対し、重加算税を含め、約20億円もの追徴《ついちょう》課税を行ったという。各紙に同じ情報が載っているので、これは国税庁の発表情報だろう。それでも、朝日、毎日、読売、産経、日経ともすべて、見出しに「所得隠し」をとらなかった。

「大和ハウスが所得隠し1億円、国税局指摘」（2006年9月29日付、日本経済新聞大阪版）のように、大和ハウス程度の〝小物〟だと、1億円程度でも見出しにとられてしまう。この場合、4年間に約3億円の申告漏れ、うち約1億円が悪質な所得隠しと認定されていた。5億円のトヨタに比べればかわいいものだ。

同業他社にも厳しい。2007年4月30日付の日本経済新聞は、「読売が所得隠し、追徴1億7500万円、申告漏れ4億7900万円」との見出しで、たかだか1億7500万円の追徴税額なのに、見出しに「所得隠し」をとっている。トヨタは、5億円の水増し計上で同じく「所得隠し」の認定。さらに1桁違う20億円の追徴をくらっている。トヨタには意図的に気を使っているのである。

例外は『赤旗』くらい

『しんぶん赤旗』は例外的なポジションにいる。政党機関紙であり、企業からの広告収入にまったく依存しないために、トヨタについてもタブーなく書いてきた。19年間にわたってトヨタを取材してきた岡清彦記者によれば、企業タブーがないことに加え、共産党議員の国会活動との連携、全国の共産党員読者からの情報提供の力が大きいようだ。たとえばサービス残業問題。トヨタ本社でサービス残業が蔓延《まんえん》し、労働基準監督署が2回調査に入り、厚生労働省がトヨタを指導。共産党がこうした実態を調べ、国会で200回以上も質問をした。その結果、カードリーダーという機器が導入され、出退勤の時刻が記録され、自動的に上司に報告されるよう改善した。その経緯が2003年8月3日付の『赤旗』に載っている。

また2006年9月3日付の記事によれば、2月にトヨタの「ヴィッツ」のオーナーが、3回のエンストを経てディーラーに持ち込んだが原因がわからず、再度、走行中にエンストした。『赤旗』日曜版の読者だったオーナーが編集部に連絡し、記者が現地取材および製造現場、技術者の取材を敢行。結局、トヨタは同年7月にリコールを出した。技岡記者は言う。「私は、他にトヨタやその関連会社での過労死の取材をしました。技術者の過労自殺の判決文によれば、設計部門でものすごく過重な負担がかかり、うつになって、もうトヨタについていけない、ということで、自宅の近くのビルの屋上から自殺したとのことでした。この方は、多忙を極めた中でも労組の職場委員長まで引き受けていました。まともな労働組合なら、過労死を認定するために全面的にバックアップをしている。現に損害保険の労組（全損保）や民放労連は、そのように取り組んでいます。ところがトヨタは何もしない。トヨタの中では、声もあげられない。そういう、会社に従順な人作りをしている」

スポンサータブーのない『赤旗』は、日本一企業・トヨタを容赦なく追及してきた唯一ともいえる新聞である。だが、広告収入が生命線となっている他のすべての主要新聞には、構造的に、そのマネは無理なのである。

書籍でも大手は×

以上、雑誌、新聞と順に見てきたが、書籍はどうなのか。書籍は、それ自体には広告は入っていないため、本来、もっとも自由度が高い媒体のはずだ。しかし、大手出版社は、書籍だけでなく雑誌も手がけているから、トヨタは、書籍の一編集部ではなく、広告が入った雑誌も発行する「会社」全体に圧力をかけられる。

そして、大手ほど営業力が強く、本が売れやすいため、大手から出せないということは、つまり、トヨタのネガティブ情報が出回りにくい、ということになる。

大きな書店には、たいていトヨタ本を集めたコーナーがある。「トヨタ式～」「トヨタ流～」「トヨタ力」……と、そこには手に取るのも恥ずかしいようなトヨタ礼賛本ばかりが並ぶ。大手がジャーナリスティックな視点のトヨタ本を出した実績はない。批判的

都内大手書店のトヨタコーナーに溢れるおべんちゃら本の数々

な視点が垣間見られるのは、広告収入が少ない金曜日という出版社が出している『トヨタの正体』（横田一・佐高信・週刊金曜日取材班／著）1冊くらいで、その点では評価できるが、これも評論家による対談など言いっぱなしが多く、現場検証力に欠ける。

本書は、もともと東洋経済新報社の企画会議に最初にかけられた。だから、本書の章構成は東洋経済の編集者が作ったもの、そのままである。企画は、最終決裁機関である役員会議で、ストップがかかった。理由は、『週刊東洋経済』の以前の特集で、トヨタの気に障った箇所があり、訴訟を起こされる直前の状態になっているから、今は刺激したくない、と伝えられた。

週刊のほうで頑張った結果なのだから、

やむを得ず、か。東洋経済は、大手出版社のなかでは最も骨のある会社であり、収益構造としても『会社四季報』に大きく依存しているため、広告主からの圧力をそれほど気にしなくてよいはずだが、それでもトヨタは別格、ということだろう。トヨタの力を、まざまざと見せつけられた思いだ。

ほかの出版社はどうだったか。まず、発行する雑誌に莫大なトヨタの広告が入っている大手3社（講談社、小学館、集英社）は、そもそも無理なので除外。雑誌をほとんど発行していない、書籍中心の出版社にターゲットを絞った。

まず、以前より、重ね重ね、書籍執筆の依頼を受けていた日本実業出版社に話をすると、やる気満々の編集者が頑張ってくれたが、「トヨタに対して気がねした一部の幹部の意見が、土壇場で強くなりました……」との連絡を受け、ダメだった。

編集の現場ではやりたいが、役員がダメ出しをするというのが、この手の本の通例だ。上の役職に行くほど経営のことを考えるため、そうなると、安定した広告収入は欠かせない、という判断になる。日本実業出版社は雑誌収入がほとんどない会社なのだが、それでも「何されるかわからない」という怖さでも感じたのかもしれない。

KKベストセラーズは、ちょうど雑誌でインタビューを受けたので打診してもらったが、「今ちょうど、会社としてトヨタの広告が取れそうなところなので、とんでもない、と言われました」。やはり広告が口止めになっているのは明白だ。

センスのよい本を多く出している草思社にも、企画会議にかけてもらったが、「あまりやったことのないタイプの本で、うまく売ることができない」「そもそも体制批判、権威批判みたいな本の企画が通りにくい」とのことで、実現しなかった。どうも方向性が違うようだ。

広告収入が少ない前述の金曜日にも打診したが、類書『トヨタの正体』がすでにあり、その続編ともいえる記事を『週刊金曜日』に掲載しているからということで、断わられた。トヨタに対する気兼ねはない模様だった。

結局、『トヨタ・レクサス惨敗』などのヒットを飛ばしている、トヨタとは利害関係が一切ないビジネス社が、引き受けてくれることになったというわけだ。

ネットでも別格なトヨタ

それでは、インターネットメディアではどうなのかといえば、新聞社系のニュースサイトは紙媒体と経営母体が同じなので、同様のしがらみがある。特にネット版は、広告が、収入のほぼすべてなので、紙以上に余計にスポンサーに気を使わねばならない。

書籍と同様、ネットでも、独立系の小規模なサイトや個人ブログでは自由であるが、そういうところは影響力がないのが通例。逆に、ニュースで影響力があるところといえヤー企業である。

ばポータルサイトだ。弊社が記事を配信しているライブドアは、今のところまったくタブーがない。だから本書に収録した原稿がトップページに載ったりする。さすがベンチャー企業である。

MyNewsJapanは、2007年9月下旬から、最大手のヤフーにも配信を始めた。この原稿を書いていると、ちょうどニュース部門の責任者がメールをくれた。「厚かましいことを承知で申し上げますと、トヨタ自動車もしばらくはご配慮いただけますと幸いです」。「も」というのは、前段で、既存のニュース配信元である読売、毎日、産経等を扱った記事を、しばらくの間、ヤフーに配信しないことを指している（もちろんMyNewsJapan上では従来どおり報道する）。

事業責任者らしい、立派な依頼である。ヤフー株式会社は、なんといっても連結売上高の42％（2007年3月期）が広告事業。そのほとんどが企業であり、その親玉がトヨタなのだから、経営者としてはスポンサーへのある程度の配慮は、当然求められる。短期的な利益を求める株主の立場なら、なおさらだ。最大手なのだから無理にリスクをとる必要もない。

ここで重要なのは、トヨタ1社をタブー指名するほど、トヨタは別格ということである。トヨタは、自分たちがここまで恐れられている存在であることを理解し、謙虚になるべきだろう。

1000億円を超える広告宣伝費はトヨタだけ

こうしたあらゆるメディアにおけるトヨタタブーは、トヨタの広告宣伝費が、図抜けて巨額であることから生まれる。有価証券報告書によれば、2007年3月期の単体の広告宣伝費は1054億円。2位の松下（831億円）、3位の本田技研工業（815億円）を抑え、すでに10年以上前からトップの座を守り続けている。松下のように業績悪化やリストラで広告宣伝費を大幅削減するといった時期もなく、安定的にマスコミにカネをバラ撒《ま》いてきた、スポンサー中のスポンサーだ。

あれだけテレビや雑誌でCMを見かけるNTTドコモでさえ、230億円（2007年3月期）。トヨタは、その4倍以上のカネを使っている。これに、トヨタ車体や日野自動車、ダイハツ工業、トヨタ自動車九州、デンソー、海外子会社など有力企業を加えた連結決算で見ると広告宣伝費が4511億円と、さらに4倍以上に跳ね上がり、手がつけられない別格の存在であることがわかる。出版社にとっては、読者よりもずっとありがたい、最大のお客様グループなのだ。

雑誌は、広告収入が売り上げの半分を占めるのも当たり前。トヨタ批判記事を載せることによる部数増と、トヨタ1社から継続的にもらう広告収入とを天秤にかけたら、リスクが少ない分、圧倒的に広告が勝つ。私が仮に、短期的な金儲け主義一辺倒の株主だとしても、経営者や編集長に、そちらを選ばせることだろう。

逆に、中長期的なブランドイメージ構築の重要性を理解している経営者ならば、「トヨタであっても書く」という姿勢が読者を惹《ひ》きつけることを知っている。そのようなクオリティーの高い媒体には、トヨタも広告を出さざるを得なくなり、相乗効果がある。つまり、大手では数年での交代が慣例化している一編集長の枠を越えた問題であって、経営者マターということだ。

メディアリテラシーを高めよ

問題は、これまで具体例をあげてきたような、日々ウラで極秘裏に行われている〝トヨタネガティブ情報削除キャンペーン〟を、国民の側が知る由もないことである。だから私は、少しでもこの構造が理解されるよう、ここで情報公開を行っている。

本質的な問題解決のためには、現在、ほぼゼロといってよいメディアリテラシー（メディアを読み解く力）の教育を、義務教育課程に入れていくしかない。

広告宣伝費上位25社ランキング（2007年3月期）

06年度順位	会社名	広告宣伝費（百万円）
1	トヨタ自動車	105,412
2	松下電器産業	83,103
3	本田技研工業	81,580
4	ソフトバンクモバイル	62,692
5	花王	56,021
6	イトーヨーカ堂	50,602
7	日産自動車	48,069
8	KDDI	44,995
9	シャープ	42,111
10	サントリー	37,791
11	キリンホールディングス	37,747
12	ベネッセコーポレーション	36,607
13	イオン	34,361
14	キヤノン	33,013
15	資生堂	32,949
16	アサヒビール	32,726
17	髙島屋	31,161
18	東京電力	28,616
19	日立製作所	27,536
20	大和ハウス工業	26,070
21	ニッセンホールディングス	25,185
22	ヤマダ電機	24,448
23	関西電力	24,305
24	積水ハウス	23,949
25	東芝	23,140

有価証券報告書などから作成

トヨタに限らず、2位の松下電器産業についても似たような事件が表面化している。2002年、週刊誌『AERA』（朝日新聞社発行）が「松下「改革」でV字回復のウソ」との新聞広告の見出しで、松下電器産業の中村邦夫社長（当時）を怒らせたことがあった。『AERA』は松下から広告を引きあげられてしまい、結局、謝罪文を同誌に掲載したうえで、編集長も更迭して収拾を図った。

一見、ジャーナリズムをうたっている朝日新聞社は、権力からの圧力とは戦わなかった。いや、戦えなかった。広告主の力の前では、ペンは無力なのだ。これが、広告収入に依存するマスコミの悲しい実態である。

本書でこれから述べる事実は、このような構造のもとで、トヨタから事実上の「口止め」にあって、ほとんどのマスコミで報じられなかった事実ばかりである。そして、広告収入ゼロのMyNewsJapanだからこそ報じられたことばかりだ。一般的なイメージである〝優良企業・トヨタ〟とは異なることに驚くだろうが、これまでの常識が、いかに一面的なものかを、ぜひ知っていただきたい。

第２章　トヨタの社員は幸せか

——職場環境の実態

トヨタの働きやすさ評価

まずは、現場社員への取材をもとに、生活面、仕事面、報酬面から、外部からは知り得ないトヨタのリアルな勤務環境を明らかにし、過去70社以上に対して調査した情報をもとに、客観的に「働く側から見たトヨタ」を評価する。

生活面

社内駅伝でアイデンティティー醸成

トヨタで働くということについて若手社員に3人、4人と聞いていくと、必ず話題にのぼるのが、社内で60年以上前からの恒例行事となっている、部対抗の駅伝大会だ。全部署から駅伝チームが編成され、米国カリフォルニア州にあるNUMMIという自動車生産工場（GMとの合弁会社）をはじめ、世界中から豊田市に選手が集まる。

選手として出場しない職場の人たちも、応援のためにほぼ全員が参加するため、数万人規模の大イベントとなる。毎年1回、12月上旬の休日に開催され（もちろん休日出勤手当ては出ない)、それを目指して、1年も前の1月から練習が始まる。

若手社員が言う。「工場は気合いが入っており、駅伝選手は毎日、昼休みに走って鍛えています。昼、トヨタ本社の周りを見てください、走っている人が多いでしょう。自分も昼に走ります。技術系は実験施設にシャワー設備があるからいいのですが、事務系はないので、汗臭くなるのが困ります」

なぜ社内の運動会ごときに、そこまで頑張るのか。2006年まで在籍していた元社員が解説する。「工場系は、それがアイデンティティーになっているんです。だから、半年前の6~7月から本腰を入れて練習を重ねる。特に期間工は、駅伝で活躍したことを理由に正社員になれることもある。実際になった人がいるんです」(若手社員)

「プリウス」を生産するなど同社の主力工場である堤工場は、駅伝でも、毎年1位をとる傾向が強いという。「生産ラインが一番優秀とされるところは、やはり駅伝でも1位なんです」(同)。駅伝をしっかり走れるということは、それだけ規律がしっかりしている、ということでもある。確かに両者に関連はありそうだ。

規律に優れる者を評価するのが、トヨタの工場のカルチャー。要するに、駅伝をサボることは規律を守れない人間であり、周囲からの自分の評価にかかわる。眼に見えない評価指標になっているから、頑張らざるを得ないのである。

WEBショッピングが停職事由

別の若手社員は、入社して工場の事務部門に配属になったとき、工場のラインで働く技能職（高専卒）新人に対する厳しい規律訓練に驚いたという。一列に並び、「構え！」「走れ！」の命令。後ろ手に組み、大きな声で行う自己紹介。規律を守れない新人には、30代半ばのリーダーから「オマエらぁ！　しっかりやれぃ！」といった容赦ない指導が入る。「導入教育を含めた1カ月間、これを毎日続けていました」（若手社員）

まるで、北朝鮮の軍事パレードやマスゲームのような光景であるが、そこに「生産のトヨタ」の強みがある。

「生産部門会議」は、工場の一大イベントだ。これは、生産部門の役員（専務クラス）が視察に来るため、数十人の製造部長が現場を案内して回るもの。各工場のローテーションで、年に1回くらい順番が回ってくる。日程が決まると、何カ月も前から準備し、見学ルートを決め、ペンキを塗り替えて通路をピカピカにし、カイゼンの取り組み状況を説明するボードを作成して設置し、直前になると、プレゼンの練習までするという。

工場の厳しい訓練は、入社前から始まる。「入社式の日、ボクら事務職は、か細い声で社歌を歌いますが、技能職の人たちは社歌を暗唱していて、デカい声で歌います。事

前に、厳しい訓練を受けているからです」（若手社員）

厳しい規律は、工場に限った話ではない。私用メールはもちろん禁止。上司は部下のメールを見ることができ、部下もそれを知っているから私用では使わない。インターネットでポータルサイトのヤフーを閲覧しようとすると、「業務と関係ないサイトの閲覧は禁止されています。業務に本当に必要な場合、閲覧が記録されます。同意しますか？」と表示され、OKを押すと、5分間だけ見ることができ、5分後にまた聞かれる。遊びは一切、許されない。

会社のパソコンから、ショッピングサイトにアクセスして買い物をしただけで、停職処分になった人もいるという。これはたとえば、「○○部門の某、不都合行為により3カ月停職」などといった具合に、本社の入り口に設置されている掲示板に張り出される。共産主義国で一般的な「見せしめ」のごとくだ。普通の会社ではない。

プライベートな時間を侵食

仕事の時間が終われば解放されるかというと、トヨタでは、社員の業務時間以外のプライベートな時間も、実にうまくコントロールされている。

社内ではフットサル大会も開催され、1～3年目の社員が主体となって、練習を重ねる。「若手は、みんなやるのが当然、とされています。年次が上の人になると、若い人に交じって、やりたい人だけがやります」（若手社員）。この「やるのが当然」という空気がポイントである。

「やるのが当然」の空気のなかでやらないと、協調性がない、一体感を阻害する、などと不当に評価を下げられる恐れがある。もちろん表立っては言わないが、昇格で不利になるのは明白だ。こうして、個人の生活にまで、会社が介入し、社員を洗脳していく。

バーベキュー大会も随時、開催され、参加するのが当然とされるという。客観的に見ると、昼休みや休日など業務外の時間までを会社のイベントのために使わせることによって、仕事とプライベートをごちゃまぜにしてトヨタのために使わせている。

こうした「イベント参加モノ」だけではない。「健康目標というのを作らなければいけないんです。たとえば、週4回以上走るとか、週1回、アルコールを摂《と》らない〝休肝日〟をつくるとか……」（若手社員）。生活指導まで受けねばならないのは、苦痛なことなのか、嬉《うれ》しいことなのか。なくても、自己管理能力ゼロの人にとっては、いい環境かもしれない。

社内では「4S」が合言葉。4S＝整理、整頓、清潔、清掃のことだ。これは工場でも、事務系の職場でも、同じように使う。「たとえば、デスクの上が散らかっていると、「オマエ、4Sしろ」と言われます」（若手社員）。普段から掃除が苦手な人は、確実に鍛えられる。

事務系社員が多く配属される国内営業本部では、営業なのに数字のプレッシャーは少ない。若手営業社員によれば、日々受けるプレッシャーは、数字のノルマというよりは、周囲から「認められたい、怒られたくない、評価を受けたい」といった、「村八分」を恐れるものだという。

村八分にされないよう、社員は独特の厳しい規律を持ったカルチャーに染まっていく。

本当に4畳半の独身寮

プライベートとの一体化を推進するうえで、住居は重要なファクターだ。社員がトヨタを語る際、駅伝大会と同様に多く指摘するのが、ボロい独身寮である。技能職社員は、本社（豊田市）周辺の8工場を中心に配属され、そこから徒歩15分程度にある独身寮で暮らすのが普通だ。

若手社員によれば、女性寮は2個、男性寮は少なくとも5個以上ある。だが、食堂がついて6畳ほどの広さがあって、と一応まともとみられる寮は2つだけ。大半の寮の個室は4畳半で、老朽化し、窓の隙間《すきま》があいたところにガムテープを貼ってしのいでいるような、古いタイプが多いというのだ。

しかも、事務職・技術職・技能職とも、社員個人が寮を選ぶことができない。「改善してほしい」というのが社員の一般的なとらえ方であるが、こちらのカイゼンについては進んでいない。「東海大地震で崩れるのを待っているんじゃないか」。そんな冗談も飛び交うほどだという。

寮の部屋にはキッチンがないため、会社が半額を補助してくれる社員食堂で食べる機会が増え、そうでなければ、トヨタ自動車の生協「メグリア」で、会社帰りに弁当などを買って、寮で食べる。メグリアは地元では有名な量販店で、「ジャスコ」と二強とされ、店舗数も多い。自炊したければ寮を出てアパートを借りることも可能だが、会社からの補助は一切ないため、給与が低い若手は寮に入らざるを得ないしかけだ。

寮についての話題は尽きない。元社員が言う。「自分も寮にいましたが、4畳半で築50年くらい、食堂はなし。部屋と押入れだけです。行ってみたらいいですよ、トヨタ記念病院の隣だから」

プチ北朝鮮

これらの寮、そして本社や主要工場が集結している豊田市は、大都市・名古屋まで車で1時間程度かかる不便な立地で、周辺には娯楽も少ない。こうした、外の空気に触れにくい職・住接近の環境下で、周囲もトヨタグループの社員ばかりだから、それが当たり前となり、批判的な空気もなくなる。

「プチ北朝鮮ですよ」。〝脱北〟した元社員がそう言うのも、こうした隔離された立地、独特の空気、洗脳的教育、厳しい規律などの事実を見ていくと、的確な表現と思えてくる。確かに東京本社（文京区）があり、技術職社員の一部が勤務する東富士研究所（静岡県裾野市）もあるが、2006年秋に完成した名古屋駅前の高層ビル「ミッドランドスクエア」には、国内・海外の営業部門が集約され、東京本社に残すのは、渉外や宣伝、調査といった情報収集・発信機能の一部だけになった。ほとんどの社員は豊田市と名古屋市に勤務し、やはり工場および中核部署は、豊田市に集中しているのだ。

豊田市での生活が「想像以上だった」というのが多くの社員の感想。「会社を辞める人が最大の理由としてあげるのが、やはり立地です。入社前に寮に連れて行ってくれるわけじゃないから、みんな結構、現地の事情を知らず、甘く見ている」（元社員）

現役の若手社員も言う。「思ったよりも田舎だ、とは聞いてはいましたが、想像以上に田舎だった。大きな本屋がない。情報が入らない。学生時代に東京を経験していると格差を実感します。同じ寮に、TAC（資格の学校）の通信教育をやって転職に備えている人が数人います」

会社としてもわかっているので、新卒の採用面接や内定後の懇談会を、名古屋市の中心街にあるホテル（名古屋国際ホテル）でやるなど、豊田市の地理的な隔離がばれないよう配慮している。「なかには内定まで東京だけ、入社して初めて豊田市に来て驚く人もいます。理系出身者は場所にこだわりを持たない人が多いですが、文系出身者は耐え切れず、1年目からリクナビネクスト（転職斡旋《あっせん》サイト）に登録している同期がけっこういました」（同）

仕組み化されたカイゼン

こうした環境では、生活まるごとが仕事になりやすい。トヨタは、個人の生活をまるごと仕事に使わせてしまう。たとえば社内駅伝に向けて体力を作れば、それが仕事にも直接的に役立つ。だがそれは残業時間にはカウントされない。

トヨタでは、賃金がつかない「インフォーマル活動」が非常に重視されている。たとえば、「創意くふう提案」。これは、幹部候補だろうが期間工だろうが、従業員全員を強制的にカイゼンに向かわせる仕組みだ。提案内容によって、500〜数万円の報奨金が与えられる。

「たとえば、サインペンなどの消耗品を効率的に使うために、置き場を一カ所に集約して個別に保有できなくしたのも、カイゼン。自分は、年8件出すノルマが課されています」（若手社員）

「創意くふう提案用紙」というフォーマットがあり、「現状と問題点」「改善案」「効果」を記入させ、提案者の従業員コードをマークシートで管理するほど、仕組み化されている（次ページ参照）。なぜか自主的な活動であるとされ、創意くふうの内容を考え、練り直す時間は、工場の現場でも、残業時間にカウントされないという。駅伝大会と同じ扱いだ。

同様に半強制的にやらねばならぬ組合活動も、労使協調主義でユニオンショップ制（全員強制加入）のトヨタでは、仕事に限りなく近いが、労働時間にはカウントされない。

工場の現場では、ＱＣサークル活動もあるし、新人教育もあるが、それらのうち、残業と認められるのは一部だけ。どこまでが仕事時間なのかわからなくしてしまうのがトヨタ流だ。

こうした曖昧《あいまい》な状況のなか、過労死事件が起きたり、労働基準監督署による指導が入るなどした結果、会社としても、時間管理をせざるを得なくなった。労務管理は、共産党の国会での追及もあり、物理的に入退館時間が記録される仕組みとなり、拘束時間がかつてより減ってきたのは事実のようだ。

労使の「三六《さぶろく》協定」では、残業は年３６０時間までで、月45時間を超えると、申請が必要となる。「毎日18時過ぎに帰り、土日出勤もなし。申請する残業は月20時間くらい。

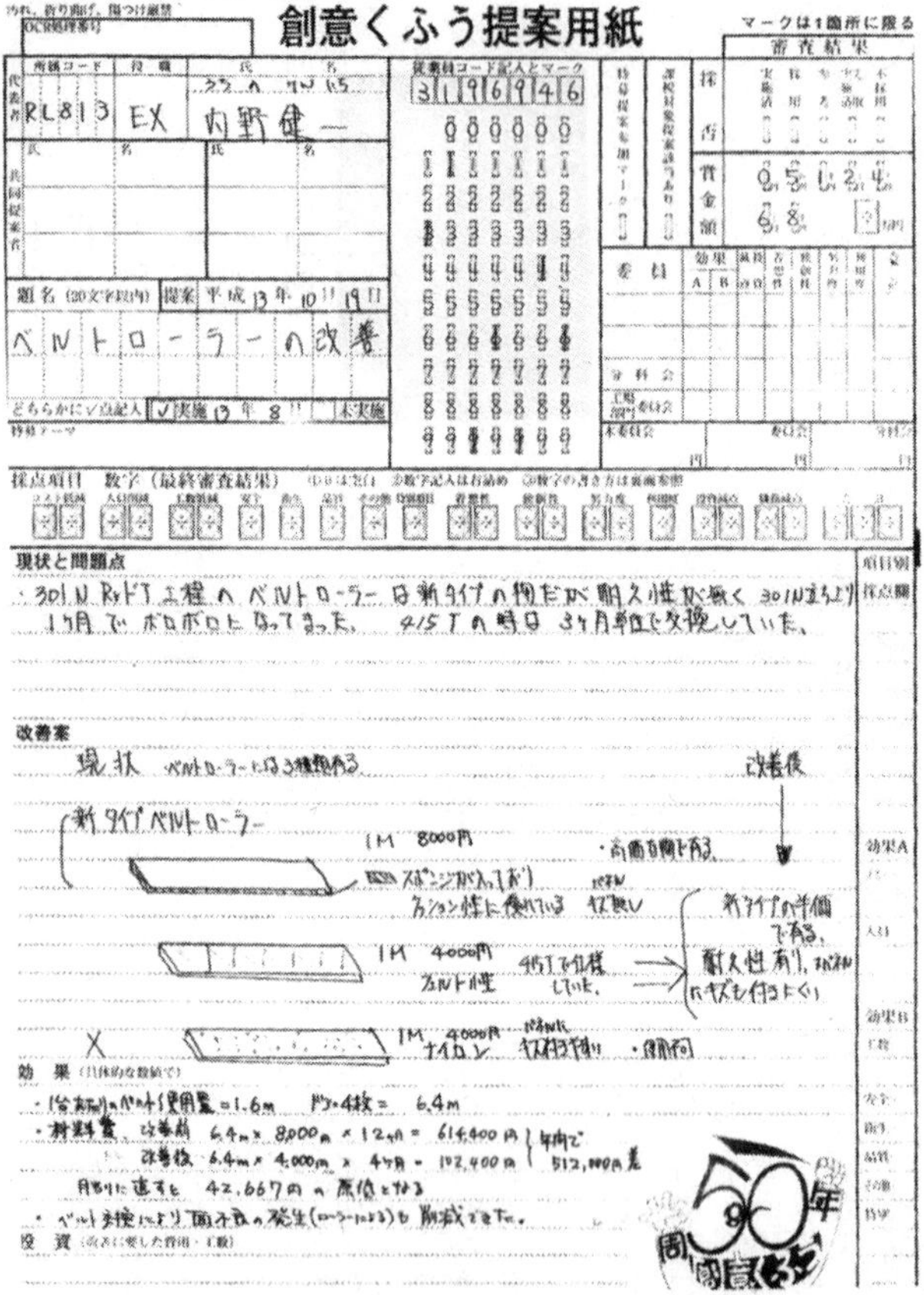

創意くふう提案用紙

マークは1箇所に限る

所属コード	役職	氏名
RL813	EX	内野健一

提案者コード: 3196946

題名（20文字以内）: ベルトローラーの改善

提案 平成13年10月19日

どちらかにレ点記入: ✓実施 13年8月

現状と問題点

・301N Rドア工程のベルトローラーは新タイプの物だが耐久性が無く301Nまでより1ヶ月でボロボロとなってしまった。415Tの時は3ヶ月単位で交換していた。

改善案

現状 ベルトローラーには3種類ある。

新タイプベルトローラー
1M 8000円
スポンジが入っており
クッション性に優れている　パネルキズ無し
・高価な物である。

1M 4000円
フェルト性
415Tで仕様していた。
→ 新タイプの半価である。耐久性有り、パネルにキズも付きにくい

改善後

X
1M 4000円
ナイロン
パネルにキズが付き易い　・耐用不可

効果（具体的な数値で）

・1台当りのベルト使用量＝1.6m　ドア4枚＝6.4m
・材料費、改善前 6.4m×8,000円×12ヶ月＝614,400円 ｝年間で
　改善後 6.4m×4,000円×4ヶ月＝102,400円 ｝512,000円差
　月当りに直すと 42,667円の原価となる
・ベルト交換により面不良の発生（ローラーによる）も削減できた。

投資（改善に要した費用・工数）

事務職の現場では、もっと残業時間を柔軟に増やしてゆっくり仕事をしたいと思っている人が多いはずです」（若手社員）。時間内に仕事を終わらせるプレッシャーが、かえって苦痛となるくらいだという。

有給休暇は、他業界に比べればとりやすい。事務系では月1でとることが奨励され、それ以外に、3日連続で休む「サンデーブイ」（3Days Vacation）が年1回。つまり、12＋3＝15日だけは、目標としてとらされる。この15日間は、とっている人が多いという。

事務職若手社員「なんで東京の会社に就職しなかったんだろう」の1日

7：00　起床。スーパーで前の日に買ったパンを食べる。または会社でサンドイッチを買って食べる。せめてキッチンがあれば、と思うが、寮は6畳1間・風呂トイレ共同でもラッキーなほう。マジョリティーは、4畳半で窓枠の隙間にガムテープが貼ってあるような古さだ。

9：00　通勤は車がほとんど。寮から6キロほどの距離なのに、渋滞するので、30分ほどかかる。本体を2割引で買えてガソリン代補助も出るトヨタ車が圧倒的に多いが、他メーカーの車も、駐車場の場所で差別されることはない。コアタイムなしのフレックスタイム制だが、ほとんどの人は8時半～9時半の間に出社。ICカードで入退館時刻が記録され、ごまかせない。残業時間を減らすため、わざと遅く来ることもある。

9：20　本社の門の前で、人事部の人が10人ほど立っており、「おはようございます！」と社員に大声で挨拶している。毎週のことで、まるで小学校の風紀委員みたいで、キモい。

9：30　出社すると、PCを起動、メールチェックして仕事に取りかかる。朝礼はなし。服装は、毎日、カジュアルOK。Tシャツ Gパンは×だが、普通の襟付きシャツなら可。調達や営業など相手先と社外で会うことが多い部門の人は、スーツ姿である。

12：00　12時〜13時、12時半〜13時半の時間差で、昼飯。チャイムが鳴る。新本社ビルのほうはうまいのだが、工場の社食はイマイチだ。

13：00　昼礼。昼休み後に、グループで10分やる。1グループ15人くらい。雑談的な内容が多いが、人事からのお達しで、「トヨタの行動指針」を毎日1人が読み上げている。朝の挨拶といい、規律を強化する話が増えている。別途、グループミーティングが週1であり、こちらは業務に関係するお話。

13：30　午後はPCワークや打ち合わせが随時ある。

15：00　残業時間を調整するため、15時頃に帰る人も、たまにいる。ICカードで退館時間が記録され、ごまかせない。16時に「中日の試合を観にいくから」と帰る

GM（グループマネージャー）もいる。長時間労働をよしとする風潮はなく、上司より先に帰るのも普通だ。

17：30　8時半～17時半が標準の勤務時間。残業は年360時間以内に抑えないといけないので、なるべく早く帰るようにしている。PCで申請する労働時間では、「離業」の時間を入れて実労働時間を減らすが、入れすぎると人事から文句が来る。正直、やりづらい。ホワイトカラー業務に工場の考え方を当てはめるのに無理があると感じている。

18：00　帰りにスーパーに寄って、パンなど食糧を調達。1時間かかる名古屋までは、平日では行く時間をとれない。

18：30　帰宅しても、寮の周りには何も娯楽がないのでアフターファイブは時間を持て余す。なんで勤務地が都内の会社に就職しなかったんだろう……と時々、考え込む。最近、TACの通信教育を開始。自分以外に、同じ寮で3人がTACの講座を受講中。将来の転職も視野に入れ、スキルアップしなきゃ。

23：00　共同の風呂に入り、就寝。

仕事面

夏のエアコン設定29度

トヨタでは、全社的に、夏は28度にエアコンを設定。しかも若手社員によると、「工場に行くと、コストダウンのためか、29度に設定されている」というのだからすごい。日産自動車最高経営責任者のカルロス・ゴーン氏が著書のなかでエアコンの温度調整による利益捻出《ねんしゅつ》について触れ、「従業員に罰を与えているだけで、そのようなコストダウンは本質的な改革にならない」といった趣旨を述べているが、トヨタではそういった地道なカイゼンこそが重視されている。

社員にこういった地道なカイゼン事例を尋ねると、ボロボロ出てくる。たとえば、社内便で使う封筒。「まず、外部から送られてきた切手がついている封筒を、そのうえから紙を貼って宛先を書いて再利用。次に、宛先を消して、書き直して使う。ボロボロになるまで再利用することになっています」（若手社員）

こうした地道なカイゼンの積み重ねが、営業利益2兆2000億円（2007年3月期連結）に寄与しているのだから、美談というより、耐えて、耐えて、会社に尽くして、の浪花節の世界である。

とにかく、現場主義。人から聞いたきれいな話ではなく、泥臭い現場のカイゼンを徹底的に評価する風土が染み付いている。そのツールとして「創意くふう提案用紙」とともに用いられているのが、生産管理部門や調達部門などで利用される「決裁書」。これは要するに、上司に提出する日報のような報告書だ。

「決裁書に人から聞いただけの話を書くと、ケツを蹴られて、決裁書を叩きつけられるんです。初めて書いた決裁書は、10回くらい叩きつけられて、結局、20回は書き直しました。自分の足で拾ってきた話なら、どんなに小さくても認められる。決裁書をうまく書けるかが、仕事のすべてと言ってもいいくらい」(元社員)

この現場主義、一次情報主義はまるでジャーナリズムと同じだ。きれいごとでないところにこそ、本当のニュースはある。カイゼンのポイントも同じということだろう。

「工場に行って、現場のおっちゃんと話して、製造工程の無駄を見つける。1円下げるために8時間現場に張り付くこともいとわない、という仕事です」(同)。入社前は、そこまでやるとは思っていなかったため、当初はギャップに悩んだという。

こうした泥臭い仕事が苦手な人には、大変な仕事である。調達部門では、下請け部品メーカーの経理の明細書を見て、「何なんですか？　これ」と迫って、半ば強引にコストを削減させていくのが仕事。これは入社して間もないペーペー社員でもやらなきゃいけない。やるのが当たり前の空気なので、クリーンな性格だと悩み、最悪のケースでは、本書「はじめに」で述べたような自殺に追い込まれる。

製造現場が軽んじられない

「もっとバリバリやらせるのかと思ったら、そうでもなかった」。それが、若手社員の入社後の感想だった。

まず、入社後4~8月は、事務系・技術系合同の集合研修。4月は「問題解決実習」で、外部の講師の講義を受ける。5~6月が販売実習で、ディーラーの社員として、末端顧客への営業を経験する。7~8月が、工場実習で現場作業を経験。

その後、配属先の希望を提出する前に、「職場ウォッチング」なるイベントがある。これは同期入社の社員たちが4~5人ずつのチームに分かれ、ひとつの部署にインタビューに行き、それを1枚の紙にまとめて、発表し合うもの。

配属は、第1~第3希望を出し、だいたい7割方、そのなかで決まるという。ただ、事務系で「広報」「渉外」といった人気部門だけを書いたら、難しい。規模が大きい「生産物流」「調達」「営業」「経理」などは決まりやすい。技術系の配属は「生産技術本部」のほか、各研究所や各工場の技術員など、バラバラである。

ある年の同期は、事務職が約150人、うち3割程度が女性。技術職は約800人、院卒男性がほとんどだった。理系では、大卒だと設計や開発には配属されにくく、生産技術が多い。しかも、後述のように、ずっと異動できない。「それを知って、同期は萎《な》えていました」（若手社員）。別途、工場勤務中心の技能職を多数採用している（2007年度の採用では新卒技能職800人を採用）。

本田技研工業では、技術者以外が社長になることはあり得ないカルチャーだが、トヨタはまったく違う。出世が早いのは、生産管理や調達といった、泥臭いモノ作りの現場部門だ。「昔は3Kと言われて、経理、購買、神戸大学出身が出世すると言われた。今は生産管理や調達など」（元社員）。製造現場が軽んじられることがないという点は、複数の社員が強調する。

「追い出されないよう頑張れ」の風土

戦後型日本企業の典型なので、日産自動車のように、社内公募制度を利用して自分の意志で部署を動くことは許されない。公募やFA（フリーエージェント）といった流行の制度は、一切なし。個人のキャリアは、会社の育成方針で決まっていく。

人事の方針は、10年ほど前まではゼネラリスト志向だったが、今はスペシャリスト志向に転換した。したがって、各本部の規模が数百人超と大きいため、そのなかの異動で完結し、本部の外に出ることはほとんどないのが実情だ。たとえば営業をやっていた人が、経理・財務本部に異動することはない。「3～4年で覚える仕事を20年もやってられない、というのが辞めた理由でもあります」（元社員）

若手の営業担当者は言う。「やりたいことをやらせるのではなく、その部署で追い出されないよう仕事を頑張れ、という風土です」。したがって、真面目にコツコツやる人に向いている。キャリアアップ志向が強いアグレッシブな人は東京の会社に行くので、そもそもトヨタにはほとんどいない。

巨大なピラミッド組織なので、下のほうの社員は、そもそも独力で仕事をできないため、大きな話をする資格もない、とみなされる。「同じことを言っても、役員が言えば耳を傾けるし、若手が言えば聞かない」「何を言ったか、よりも、誰が言ったかが重要なカルチャー」だという。

身につくスキルは、社内向けの調整力や、タフさ。新聞記事に出るような大きな仕事にもかかわれるが、自分が担当しているのはその一部のなかの一部。任される責任や権限の大きさという点でのやりがいは、若い段階ではない。「大きなピラミッドのなかの自分がいる位置で仕事をする」（若手社員）という感じなのだという。

最速で12～13年目に、組織の最小単位であるGM（グループマネージャー）に就任すると、やっと、そこそこの権限を持って仕事ができるようになる。

不安感をカネと換えている

では、社員は何を求めてトヨタで働いているのか。やりがいを尋ねると、答えに窮する社員が多い。「会社に認められたい、という欲求は、多くの社員が持っていると思います」（若手社員）。トヨタは巨大企業で、作っているものも膨大な部品の集合体なので、1人では何も動かせないことは、最初に思い知る。だから、はやく会社に認められ、実行できるポストに就きたい、という欲求が出るのだという。

また、末端社員であっても、部品の仕入れ価格を1円下げられれば、それだけで会社全体としては億単位のコストが下がるため、扱っているモノが大きい、巨額が動く、という点は、やりがいになる。

元社員は、最大の動機として「安定志向」をあげる。「社員の大半は、不安感を持ちたくない人たち。だから、転職すればもっと高い報酬をもらえるデキる人でも、終身雇用を信じて辞めない。本来もらえるはずのカネを、不安感と換えている、とも言えます」。だが、今は終身雇用を維持できているが、今後、トヨタが日産のようにならない保証はどこにもない。

学歴としては、ある年は東大卒が一番多く、事務職全体の1割を占め、次が名古屋大卒だった。それなりにポテンシャルのある人で、リスクをとりたくない人が集まっているようだ。

離職率は低めで、事務系は3年で2割弱程度。「同期は3年で20～30人が辞めた」（元社員）。豊田市という隔離された地理的問題や、希望部署で働けないことなどが理由であるが、特に女性の離職率は高いという。「女性のほうが離職率が高いのは、根性とか泥臭さが生きる仕事だから。女性には無理だと思う」（元社員）

女性についていえば、2006年1月1日付では部長以上がゼロ。次長級（＝基幹職2級）が3人（全1533人）、課長級（＝基幹職3級）が21人（全6047人）にとどまり、「無理」という元社員の言葉を裏付ける。2007年1月1日付の人事で、女性がやっと1人、部長級に昇格したことがニュースになったくらいだ。

報酬面

外資金融や大手マスコミの半分

では、トヨタの社員は、実際に、どういった仕組みで報酬を得ているのか。全体とし

トヨタ自動車のキャリアパス（総合職）

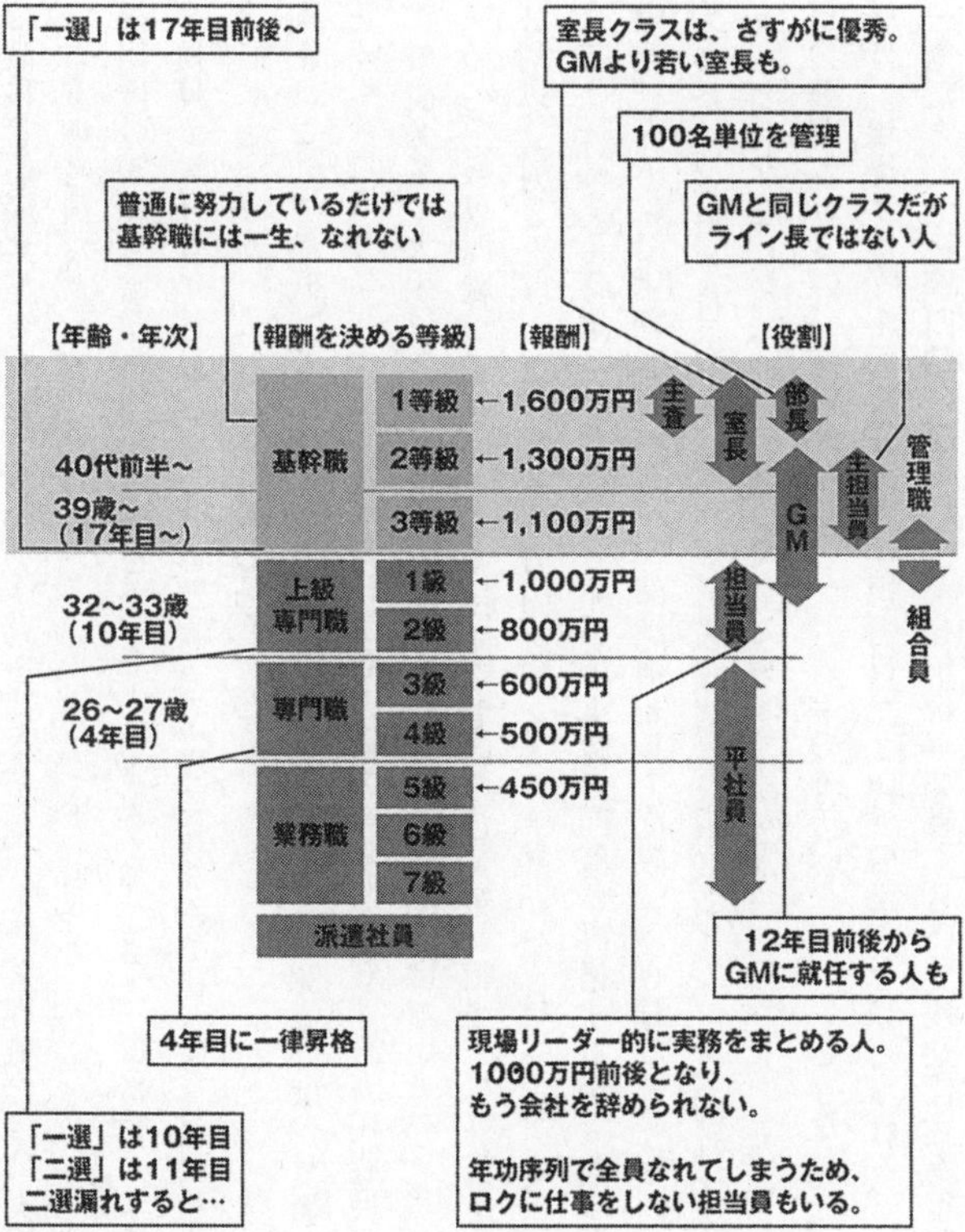
「一選」は17年目前後～
室長クラスは、さすがに優秀。GMより若い室長も。
100名単位を管理
GMと同じクラスだがライン長ではない人
普通に努力しているだけでは基幹職には一生、なれない
【年齢・年次】
【報酬を決める等級】
【報酬】
【役割】
40代前半～
39歳～（17年目～）
32～33歳（10年目）
26～27歳（4年目）
基幹職
上級専門職
専門職
業務職
派遣社員
1等級 ←1,600万円
2等級 ←1,300万円
3等級 ←1,100万円
1級 ←1,000万円
2級 ←800万円
3級 ←600万円
4級 ←500万円
5級 ←450万円
6級
7級
主査
室長
部長
GM
主担当員
担当員
平社員
管理職
組合員
12年目前後からGMに就任する人も
4年目に一律昇格
現場リーダー的に実務をまとめる人。1000万円前後となり、もう会社を辞められない。
年功序列で全員なれてしまうため、ロクに仕事をしない担当員もいる。
「一選」は10年目
「二選」は11年目
二選漏れすると…

ては戦後日本の典型ともいえる年功序列を基本とし、上級管理職だけは実力主義。これがトヨタの特徴だ。

採用区分が総合職（事務系・技術系）で入社すると、まず「事務職」に位置づけられ、大卒換算で入社4年目に一律で「専門職」（工場の技能系でいうSX級に相当）に昇格。残業代にもよるが、これで500万円台になる。

通常はここで最低、6年間も留まる。専門職末期に入る30歳では、月額35万円（残業代込み）×12カ月に、ボーナスが年220万円で、年収は640万円程度だ。この時点では外資金融や大手マスコミの半分ほどにとどまり、高くはない。

次の「上級専門職」（係長クラス、技能系でいうCX級に相当）に昇格する際に、年収は2割以上引き上げられ、800万円を超える。入社10年目、32歳くらいが「一選」。ごくごく一部で「特選」があり、8年目で上級専門職に昇格する例もあるという。これが最速パターンだ。特選と一選が幹部候補として位置づけられる。

大多数は、11年目の「二選」で上級専門職に上がる。「二選漏れするとちょっと……」という感じだ。誰が一選に入ったかは、社内報「クリエーション」の別冊版で全社員に公開される。一選に入ることが、若手のモチベーションともなっている。上級専門職は、現場リーダー的な役割で「担当員」という肩書きを与えられる。

一選だと、上級専門職になって2～3年目、35歳くらいで残業代込み年収が1000

万円前後となる。二選以降であっても、全員が年功序列で、担当員までは必ずなれる。つまり、総合職で入ると、遅くとも40代になるころには、1000万円は全員がもらえることになる。これが高い忠誠心につながっていると思われる。

若手社員が言う。「担当員を見ると、あんなに会社で眠っているのに、なんで？　と思うことはあります。ただ終身雇用が前提なので、若いうちは高くないから、後払い的な賃金にも、それなりに納得している人が多いです」

差がつくのは40代

つまり、トヨタにおける出世は、組合員のなかでは、ほとんど同列で、係長クラスに相当する担当員まで昇格できる。数年の差がある程度だ。ここから上の管理職クラスで、どこまで昇格できるかによって差がつくのだ。

管理職のポストは、GM（グループマネージャー）→室長→部長。最速では12〜13年目に、組織の最小単位であるグループのマネージャーであるGMに就任する。室レベルで完結する仕事も多く、室長がその分野で経験が浅いと、事実上、GMがかなりの仕事を任されるため、GMになればそれなりに権限を持てる。

早期にGMになる人は、給与は組合員のままだ。優秀な人材は、最長5年程度も、組合員のまま役割に見合わない報酬で、GMをやる。だが、そういう人は、一選で40歳までに基幹職に昇格できることが約束されたも同然のため、その期待感と、そのような存在として周囲に認められているという名誉と、大きな役割を任されているというやりがいがモチベーションになり、給与の後払いにも納得する。

「GMは、現状では、(遅かれ早かれ)皆がなれていますが、若い世代ほど同世代の人数が多いので、今後はそうはいかないでしょう」(若手社員)。管理職の一番下である基幹職3等級に昇格するには、「単に、普通に努力しているだけではダメで、プラスαが必要」(別の若手社員)。これで年収は1100万円程度になる。

その後は、基幹職の2等級(室長クラス)、1等級(部長クラス)を目指す展開となるが、だいたい「基幹職3等級どまり」というのが最も多いケースで、次の室長になるところに、明確に高いハードルがある。室長クラスの優秀さは、誰もが声を揃えるところだ。

「室長から上は、実力です。実力主義だから、GMより若い室長もいて年齢の逆転が起きている。その上の部長になると、仕事がデキるうえに、人間性や社内政治力も持ち合わせている」(若手社員)。他の大企業では、この部長あたりの選抜でも、社内派閥や政治力でなあなあで決まってしまう例が多いが、トヨタはここでの厳格性において、他社と一線を画している。

トヨタ自動車の配当と平均年間給与の推移

決算期	最終利益（百万円）	1株配当（円）	一人あたり人件費（円）	平均年齢（歳）
03.3	944,671	36	8,056,000	37.2
04.3	1,162,098	45	8,222,000	36.9
05.3	1,171,260	65	8,160,000	36.7
06.3	1,372,180	90	8,047,000	37.0
07.3	1,644,032	120	7,995,000	37.0

室長に就任するのは、だいたい40代前半から。部長は、40代後半から、が一般的だ。部長クラスで年収は1600～1800万円といわれている。この報酬水準は、大手電機メーカーより少し高い程度で、商社や大手マスコミに比べ、かなり低めである。

扱っている額がデカいという面白さはあるが、自分がもらうカネはそう多くはない。その代わり、恐怖心を持たずにすむ。「上層部の人たちは、能力を安売りしていると思う」（元社員）。

トヨタの業績は好調だが、労使協調主義のため、経営側の「コスト競争力が損なわれる」といった理屈を飲み、2002～2005年までベースアップを凍結。2006、2007年は1000円アップだった。トップ企業として他業界への影響もあるため、業績が良くても報酬を上げにくい構造になっている。

実際、業績は絶好調で、過去5年では連結売上高が49％増。最終利益も74％増、配当に至っては3倍超としているが、平均年間給与だけはなんと、約805万円から約799万円に減らしている（前ページの表参照）。社員がいくら頑張っても株主に吸い取られるだけ、の会社であることが会社発表の数字からも分かる。

渋い福利厚生

給与を上げられないなら現物支給で福利厚生を充実させればよいのだが、なぜかそういう発想にならないのがトヨタらしさだ。

本章の「生活面」で述べたとおり、独身寮は、月額6000〜1万円ほどと安いがボロい。比較的新しい寮に入れても台所がついていないので、自宅で料理もできない。寮に入らない場合、一切、補助はない。

結婚して寮を出て、賃貸物件で住宅補助を受けようとすると、それでも補助は3万円強ほど。家族向けの社宅は月額3万〜5万円で使用可能だが、こちらもかなり古い。家族手当が残っているのが救いだ。

トヨタ車は定価の2割引で買えるが、人気車種は、一般消費者（お客さん）優先。社員は、発売1年後からしか権利を行使できないこともある。

「わかっているだろう」という世界

専門職以降は、ボーナス査定がある。GMとの間で、「2WAY」と呼ばれる面談を、年4回やる。これはA3サイズの紙一面に自分の過去半年の仕事の成果と、今後のキャリアビジョン、希望部署などを書き、話し合うもの。

この査定によって、上級専門職（担当員）からボーナスではっきり差がつく。専門職までは、せいぜい1回のボーナスで5万～10万円の差しかつかない。GMが室長にアピールし、室長と部長のミーティングでフィックスされ、それがボーナスに反映される仕組み。フィードバックはあることになっているが、ない部署もあるという。

評価の内容については、日常的な人間関係のなかで問題点の指摘などは行われているため、「わかっているだろう」という世界だ。評価結果に対して反論の余地はない。上司に求められる役割として、人材育成が重視されているため、普段から上下のコミュニケーションは活発に行われており、それがカルチャーになっている。

こうした半期ごとの査定の積み重ねで、上層部からデキるとみなされた人が、「一選」で上級専門職となり、GM、室長と昇格していく。長期の蓄積による評価なので、それほど不満を持っている人は多くないようだ。

トヨタグループ内で完結！　巡りメグる、トヨタ社員の人生（モデルケース）

0歳　トヨタ記念病院（豊田市）で出生。両親はトヨタグループ会社に勤務の職場結婚。

12歳　豊田市立挙母《ころも》幼稚園、挙母小学校を卒業。この地は、1959年に豊田市に改名されるまでは「挙母市」だった。

15歳　地元の中学校を経て、トヨタ工業学園高等部に入学。1部屋5人の寮生活で、生活まるごと、トヨタイズムを叩き込まれる。2、3年次の工業管理技術では、早くもトヨタ生産方式、QC、カイゼンを学ぶ。

18歳　卒業後は、ほぼ全員がトヨタ自動車に技能職として入社。入社式では、社歌を大声で熱唱。主力の堤工場に配属。規律は厳しいが、高校3年間の訓練で慣れている。年4人自殺、という噂を耳にするが、耐えられない人が軟弱なだけ。すでに〝マインドコントロール〟ずみの卒業生たちは技能系のエリートで、組合の歴代執行委員長ポストを独占するなど、人事でも厚遇される。築50年、4畳半の独身寮に入る。風呂・トイレ共同だが、5人部屋から個室になった分、偉くなった気分だ。台風が来ると雨漏りが大変。会社の利益2兆円

19歳　を増やすためなら、この程度に耐えるのはトヨタマンの義務だ。
寮にはキッチンがないので、食事は毎日、会社が半額補助してくれる社員食堂か、トヨタの生協「メグリア」で弁当を買う。まさにトヨタグループ内で、お金がぐるぐるメグっていることを実感する瞬間だ。

20歳　入社してほどなく、会社の斡旋でローンを組み、トヨタ車「ウィッシュ」を購入。ホンダ「ストリーム」をパクったモデルだが、実用性第一だ。トヨタ車は道具であって、ホンダやマツダのようなアートは求められない。

休日は、トヨタグループが出資するJリーグチーム「名古屋グランパスエイト」の応援に、豊田スタジアム（豊田市）へ行ってサッカー観戦。

豊田市保見《ほみ》に、トヨタスポーツセンターなど運動施設があり、部活動もする。社内駅伝の選手を命じられたため、早朝から走る。飲酒運転になるため飲み屋街もなく、娯楽がないので、スポーツで健康的な日々。

トヨタファイナンス発行の「TS CUBIC CARD」を作る。もちろんETC付き。

25歳　上司の紹介で、結婚。相手は、トヨタ100％出資の人材派遣会社、トヨタエンタプライズ所属の派遣社員。式はトヨタ自動車労組の組合会館、通称カバハウス（豊田市）で挙げる。披露宴では、トヨタの上司が筆頭席で挨拶。

27歳　子どもが生まれる。なんとしても海陽学園に入れる！　と決意。海陽学園とは、2006年4月開校の、全寮制の中高一貫校。トヨタ、JR東海、中部電力などが200億円かけて設立した。初代理事長は、豊田章一郎氏。初年度費用350万円（！）をどう捻出するか悩む。

28歳　車をファミリータイプ「ノア」に買い替え。定価の2割引で買えるが、人気車種なので、社員は発売1年後からしか権利を行使できない。3カ月後にリコールを発表。社内ではいつものことだ。ディーラーへ修理に出す。

35歳　住宅購入目的だと4％弱の高利率がつく社内積み立て制度を利用し、35歳で、頭金1000万円を貯めた。残りはローンを組んで、豊田市内にトヨタホームを購入。近所の人たちもトヨタグループ関係者ばかりだった。

36歳　同期入社の社員が、30代半ばなのに、激務で過労死。残業は月110時間だったが、会社は労災認定に非協力的だ。豊田市内にあるトヨタ生協直営の葬儀センター（全国初）、「トヨタ生協メグリアセレモニーホール」にて葬儀がとり行われる。

40歳　CX級（係長）に昇格し、多忙を極めるように。家に帰ってからも、部下のカイゼン提案書を添削。教育費と家のローンが重くのしかかり、退職金をもらうまでは、死なない程度に頑張るしかない。本当にリストラはないのか。会長が

トヨタ自動車

大項目	小項目	評価	項目評価	評価根拠	総合
仕事	やりがい	2	2.0	・巨大なピラミッドの一部。最初の10年は下積みで権限を持てない。1円のコストダウンで億単位の利益になるなどのインパクトはある。 ・公募制など部署異動の仕組みはなく会社がキャリアを支配。終身雇用が前提で最初からバリバリやらせることもない。三河という地理的な問題から人脈も広がりにくい。	2.3
	キャリア	2			
生活	負荷	2	2.0	・精神的なプレッシャーによる自殺や過労死が発生。サービス残業は減り、休みもとれる。 ・女性がほとんどいない。個人の生活にまで会社が踏み込んでくる。勤務地・豊田市は隔離環境。 ・上下のコミュニケーションは重視され、OJTで育てる。駅伝など社外活動はクドイと感じる人も。	
	勤務環境	1			
	リレーション	3			
対価	報酬水準（×2）	2	2.8	・30歳だと総合職で月35万円（残業代込み）×12カ月、ボーナス年220万円で、年収は640万円程度。 ・定年まで長く勤めるほど有利、若くして辞めれば損な報酬体系。 ・若いうちは差がつかない。室長以上は皆が認める人が昇格。 ・現状では経営側が長期雇用を宣言。社員は終身雇用だと信じ、会社に忠誠を尽くす。	
	カーブ分布	2			
	報酬決定方法	3			
	雇用	5			

トヨタ自動車の評価は、5点満点で総合2.3点であった。評価の基準詳細についてはニュースサイトMyNewsJapan内の「企業ミシュラン」参照

「終身雇用ではなく〝長期〟雇用だ」と言っていたのが気になるこの頃。私はきっと恵まれている、マスコミも「最強企業の最強待遇」と書いているじゃないか、本当の外の世界は知らないけれど……。

トヨタで死んだ30歳過労死社員の妻は語る

内野さん一家。過酷な残業で疲れきった健一さんだったが、よく子どもの面倒を見て家事も手伝っていたという

トヨタ自動車の2兆円を超える営業利益は、従業員に強いられた苛烈な労働から生み出される。2002年2月9日、月に144時間を超える残業をしていたトヨタ自動車社員、内野健一さん（当時30歳）が職場で倒れ死亡した。妻の博子さん（36歳）は労働基準監督署に労災を申請したが却下され、その取り消しを求め裁判を起こしている。一従業員の死の根底には、世界のトップ企業・トヨタ自動車の構造的問題が隠されている。亡くなった内野健一さんの身に、何が起きたのか。妻の博子さんに聞いた。

ある朝突然に夫は逝った

2002年2月9日、まだ辺りは真っ暗な早朝。自宅で寝ていた内野博子さんは、インターフォンとドアを叩く音で目が覚めた。トヨタ自動車の堤工場で働く夫が仕事中に倒れたと、彼女の母親が告げにやってきたのだ。

あまりにも突然の知らせでした。夫は子どもの頃から車が好きで、工場では「カムリ」「ウィンダム」の車体品質検査をしていました。ひどい仕事疲れだったとはいえ、病気もしなかった夫がなぜ……。

もちろん、会社の人は、自宅に電話を入れました。でも、夜勤のある夫のため、電話の音が寝室で聞えないようにしていたのです。ですから、夫が工場で倒れたことをすぐに知ることはできませんでした。

享年、30歳でした。亡くなる半年くらい前から夫の残業がどんどん増え、年が明けてからは異様な働きぶりでした。私は不安にかられていたのですが、その不安は的中し、過労による致死性不整脈で死んでしまったのです。夫はいつもニコニコした優しい人で、疲れているのに家事もよく手伝ってくれ、子どもの面倒もよく見ていました。

縦並び社会 第3部 格差の実態に迫る ③

過労死防止 骨抜き

長男誕生後の00年夏、工場の庭でくつろぐ内野さん一家。健一さん（左端）の仕事が忙しくなり、この後家族そろった写真はほとんど無い

アンケートご回答を

格差を巡るさまざまなテーマについて、アンケートをしています。質問にお答えください。回答はMSN毎日インタラクティブ（http://www.mainichi-msn.co.jp/）の「特集」か、ファクス（03・3212・0635）で。結果は連載の中で紹介します。ご意見、ご感想もお寄せください。ファクス（同上）、Eメール t.shakaibu@mbx.mainichi.co.jp 〒100－8051 毎日新聞社会部「縦並び社会」係。

「時間外」規制に財界圧力

2006年4月5日付「毎日新聞」。過労死問題に切り込んではいるが、「愛知県の自動車工場」と表現し、トヨタの企業名は伏せられている内野家には当時、3歳と1歳の子どももいた。夫の死後、内野さんは、豊田労働基準監督署に労災申請したが、却下された。それでは納得できず、愛知労働者災害補償保険審査官に対し、原処分の取り消しを求めて審査請求した。ところがこれも却下。そのため2005年7月22日、遺族保障年金などの不支給処分(320万円)の取り消しを請求し、内野さんは国を相手取って裁判を起こした。

内野さんは、訴訟に踏み切るにあたってこう述べている。

夫が亡くなる最後の1カ月間は、残業時間が144時間にもなる過酷な状況でした。これでどうして労災ではないのですか。夫は家族のために一生懸命働いたんだ、こんなに頑張ったんだ、その頑張りを認めてもらうために私は闘うことにしたのです。

夫の弟、義父、実の父もトヨタ関係

博子さんは、大学時代にトヨタ自動車のディーラーでアルバイトをしていて夫の健一さんと知り合った。1学年下の夫は、1971年生まれ。高校を出てすぐの1989年4月1日にトヨタ自動車に入社し、豊田市内の堤工場で亡くなるまで働いている。

少年の頃から車が大好きで、機械いじりが好きだったそうです。好きな車を作る会社で働くことができ、しかも世界でもトップのトヨタ自動車本体で、正社員として働くことに非常な誇りを持っていたのです。

この辺りでは、関連会社を全部含めると6~7割の人が豊田関係に従事しているというのが実感です。トヨタ関連以外だったら、公務員か自営業しかないのではと子どもの頃は思っていたほどです。私の父も車の木材部分を作る仕事に従事していたし、夫の父親もトヨタ自動車本体で働いており、夫が亡くなったときはまだ現役でした。また夫の祖父と母もトヨタ自動車の従業員でした。

周り中がトヨタにかかわる人ばかりですから、私がこうして裁判に訴えるのはつらいものがあります。労災を認めてほしいという署名を社員の奥さんたちにお願いしても、断られます。署名をしたからといってクビになるはずがないのに。

それでも夫が亡くなったときは、まだ社員だった義父が、不憫《ふびん》に思ったので「労災に訴えます」と会社にはっきり言ってくれました。大きな決断だったと思いますね。そのあと私がいろいろ活動することに対し「労災申請したんだから、後は上に任せて何もするな」と言われて、一時期は葛藤《かっとう》がありました。それでも退職が決まって最後の何日かというときに、義父は社長に手紙を書いてくれました。

勤務時間は6時25分〜15時15分と16時10分〜1時

内野さん夫妻は、1995年（平成7）年7月7日に結婚届を出した。結婚前は、健一さんが夜勤の週はデートできなかったが、それはしかたがないと納得はしていた。ところが、結婚する直前のゴールデンウィーク明けから、会社の勤務体制が変わったのである。いま思えば、このときから、死へ向かう〝準備〟のようなものが始まっていたのかもしれない。

それ以前は完全な二交代制で、昼が朝8時から午後5時、夜勤が夜8時から朝5時。それが、連続二交代制に変わったのです。連二《れんに》と言います。

早番（一直＝いっちょく）は朝の6時25分就業で昼の3時15分終業。遅番（二直＝にちょく）が、午後4時10分から夜中の1時まで。この勤務体制が1週間交代で続きます。これは、いまも変わっていないと思います。

すごく中途半端な時間なんです。以前の二交代制であれば、どちらの直でも家族と顔を合わせたり食事ができます。なのに、連二ではこれが簡単にできない。新婚当初は頑張ろうと思って、早番のときは朝4時に一緒に起き、朝ご飯食べて4時40分過ぎに夫を見送る生活をしてみました。

私も当時、仕事をしていましたから、夫を見送ってから寝るにしても中途半端だし寝られませんでした。そのため本当は9時始業のところを8時にしてもらい、夕方は4時半に終わって帰っていました。

私が仕事をして帰ると、夫が一直のときは、（3時15分終業）とっくに帰っています。それから私がご飯をつくる。でも、朝が4時前起きなので8時には寝なくてはならないんです。二人でゆっくり話す時間はほとんどありません。

逆に二直のときは、彼が寝ているときにそっと起きて私が出かけますよね。私が仕事場から昼の1時過ぎに自宅にモーニングコールをして彼を起こして……。昼の2時までには出かけなければなりませんでしたから。そして、真夜中に帰ってくるんです。

なぜ深夜に自動車を作らなければならないのか

夫が二直のときは帰宅しても1人でぼーっと過ごすだけです。ですから私は残業して遅く帰宅しようとしたのですが、どんなに残業しても、彼が帰ってくる夜中の2時、3時まではできません。せいぜい残業をして帰宅しても夜の9時、10時です。だから新婚なのに毎日、1人でずっと過ごす生活が続いていたのです。私は帰宅して何時間も夫の帰りを待っていました。新婚当時は、定時（深夜1時）に終業できることが多く、深夜の2時頃には夫は帰宅できていました。まあ、2時が早い帰宅というのもへんなのですが……。そもそも、どうして深夜も自動車を作らなければならないのかという根本的な疑問もあります。

それでも、新婚当初は夫の帰宅を待って深夜の2時すぎくらいに一緒に食事することもできたのです。とはいうものの私も仕事があるので早く起きなければなりませんから、私自身の体がきつくなりました。

新婚なのに、淋しかったですね。ですから少しでも一緒に顔を合わせようと食事の用意をして、テーブルにうつ伏せになって転寝《うたたね》していたものです。そういう毎日が続くと、家庭というものを感じられなくなってくるのですね。

あまりのもの淋しさに、自分の味方が欲しくなり、子どもが欲しくなってきて……。普通の生活がしたいなあ、と毎日思いながら、次第にすれ違いの生活になっていきました。

夫が深夜にベランダから〝侵入〟帰宅

そのころの失敗談があるのです。二直のときでした。深夜に女1人でいることを心配した夫は「ドアをきちんと閉めとけよ。鍵だけじゃなくてチェーンも閉めとけよ」と言っていたんですね。それで私も、しっかりと戸締りして寝ていました。でも寝る前にチェーンだけはずします。そうしないと私が寝ているときに夫は部屋に入れませんから。一度、うっかりチェーンを外さないで寝てしまったのです。そこに夫が帰ってきました。私の携帯に電話をかけたそうですが、深夜の2時頃でしたから、熟睡していて気が付かなかったのです。

彼はどうしたかというと、玄関の右側の塀にのってベランダに入り込み、寝室の窓を叩いて私を起こしたのです。私たちのマンションは7階です。下には何もありません。これで落下して死んでたかもしれない。夫はいずれにせよ、死ぬ運命だったのでしょうか。

これは私の失敗ですけど、変則勤務体制ゆえの失敗なんですよね。これが日勤や、完全な夜勤で朝帰りであれば、起きてドアのチェーンも鍵も開けられたと思います。

変則勤務で夜間手当てを会社は節約

一直は朝4時半過ぎには出ますので、前の日の夜8時頃に寝なければなりません。ですから、仮に前日は休みでも実質的に休みとはいえないと思います。若いときは無理ができるけれど、子どもができ、年を重ねていくと難しいです。現場のラインで働く人は定年までそれが続くわけですから、きついと思います。

ほかのトヨタ系のお母さんたちも言っています。お父さんは当てにしない、お父さんはいないんだ、という生活です。

朝の5時まで就業するより、二直で深夜1時に終わると、これだけでも4時間分の深夜手当てが減ることになり、会社にとってはメリットがある。

しかし、これでは、家族が顔を合わせて話したり食事ができるのは、唯一、一直（6時25分~15時15分）の夜だけになってしまいます。夫に7時まで待ってもらって家族と食べる。彼にとっては、お昼ご飯は朝10時くらいですから、家族と食べようとすると夜の7時まで待ってもらわなければなりません。食事が終わったら、もう寝る時間です。

夫はトヨタ社員であることを誇りにしていた

夫は、「みんながやってるし、そういうものだし」という考えでした。ほかの社員の人も、「しかたがない」「若いから何とかやれる」という全体の雰囲気なのです。みんながそうだと1人だけ勤務時間を変えるわけにはいかないし……。

「しかたがない」

訴　　状

2005（平成17）年7月22日

名古屋地方裁判所　御中

原告訴訟代理人弁護士　水　野　幹　男
同　岩　井　羊　一
同　大　辻　美　玲
同　田　巻　紘　子

[redacted]

原　　告　内　野　博　子

〒460－0002
名古屋市中区丸の内1丁目9番8号　丸の内KTビル7階
水野幹男法律事務所
電　話　052－221－5343
FAX　052－221－5345
原告訴訟代理人弁護士　水　野　幹　男

〒456－0031
名古屋市熱田区神宮2丁目6番16号　南陽ビル
名古屋南部法律事務所（送達場所）
電　話　052－682－3211
FAX　052－681－5471
原告訴訟代理人弁護士　岩　井　羊　一
同　大　辻　美　玲
同　田　巻　紘　子（主任）

-1-

何度も労働基準監督署から労災申請を却下された内野さんは、ついに国を相手取る訴訟に踏み切った

「もうちょっと頑張れば変わるから」

夫は何度も何度もそう言っていました。もうちょっと、という意味は、もう少し経つと手伝ってくれる人が入ってくるからということです。定年間際の方が多い組(職場グループ)だったので、どうしてもライン外の多種の業務や雑用が夫に回ってきていたんですね。

あまりに大変なので夫にいろいろ話しかけたのですが、トヨタを辞めるという話にはなりませんでした。関連企業でなくて、トヨタの本体に勤めていることを夫はとても誇りに思っていましたから。

出産時は2回とも海外出張、電話の音をとめて夫を寝かせた

生体リズムを崩すような勤務体系。それでは健一さんは、そこそこいい給料をもらっていたのだろうか。

基本給は6万、7万円のレベルですが、生産性給や職能個人給、年齢給がついて基準賃金となり、20万円台になるのです。いろいろついていてどれが基本給かよくわかりませんでした。これに超過勤務手当てや深夜勤務手当てなどがついて30万円台に。

バブルのときは、EX（エキスパート＝旧班長）という役職になるとボーナスが100万円になると聞いていましたが、実際は違いました。夫が若くしてEXになったときはバブルがはじけ、そして無理をして亡くなってしまいました。35歳とか40歳になるとトヨタの給料はいいのかもしれませんね。

私自身は、結婚してからも仕事は続けていましたが、1998年の6月が長女の出産でしたから3月いっぱいで一度辞めました。これで、私が自宅にいつも居られるので夫とゆっくり話す時間もできるのかな、と少しうれしかったです。しかし、そう思った途端にイギリスへの3カ月の出張を命じられてしまいました。

出張を告げられたのが、その年が明けてすぐぐらいでした。ちょうど生まれるときに出張。「なんていう時期に……」という話はお互いにしていました。

1人目の出産で不安でしたから話し合いたいこともありました。子どもの名前を決めるにしても連絡が大変です。その当時は携帯電話料金も国際電話料金もまだ高かった。ネットもいまほど普及はしていませんでしたから、月の電話料金は10万円を超えていました。

2人目の子の出産時（2000年）も海外出張でした。今度はアメリカです。ほんとにいやがらせされているのかと思ったくらいです。このときは生まれる直前に帰ってきましたが、それまで3カ月間の海外出張でした。「3人目ができたときは、どこへ出張にやらされるのかね」なんて話していたくらいです。休みのときにナイアガラに行ったそうです。その写真を見ながら、「将来子どもが大きくなったら、一緒に行ってみたいね」なんて話したものです。一緒にできなくなってしまい、本当に残念です。

赤ちゃんができてからは、授乳がありますから夜中も起きることが多くなります。独身のときは電話がかかってきても起きられないことがよくありましたが、私みたいに鈍感でも、赤ちゃんができることによって、ちょっとした物音にも敏感になりました。

そのおかげで夜勤の様子がよくわかりました。あの〝ベランダ侵入事件〟のようなこともなく、夜中に夫が帰ってきても起きられるようになったからです。「ああ、こんなにイビキかいてるんだ」「疲れてるんだ」ということが実感として理解できました。

本当に大変なのだと思う反面、夜中でも一緒にご飯を食べ、わずかでも家庭生活が送れたのです。

ただ、二直の朝は昼の1時までは寝てもらわなければなりませんから、赤ちゃんの泣き声には気をつかいました。朝そっと家を出て公民館に行ったりしていました。寝室のドアをきちんと閉め、リビングと廊下の間のドアを閉め、二重に閉めておけばなんとか夫を起こさずにすむと……。昼間はセールスの電話もかかってくるので、消音にして起こさないようにもしていました。

トヨタに「祝日」という文字はない

中途半端な勤務時間でなかなか家族の憩いの時間もとれなかった内野さん一家だったが、トヨタ自動車の勤務体系をよく表しているものに、「トヨタカレンダー」と呼ばれるものがある（次ページ参照）。

アミかけの数字は、一直。白抜きが二直。他の日は休み（実際のものは、順に白、黄、赤と色分けされている）。地元の商店街も、このカレンダーを見て休みを決めるのだという。一見するだけだと、規則的な勤務形態で、連続の休みも多いように思われるが、変則勤務を考えれば逆に休みが少ないくらいだ。

祝日は休日ではありません。トヨタには祝日はないんです。関連企業もこのカレンダーに合わせざるを得ませんよね。祝日という感覚がトヨタにはないのです。最近は海の日だけは休日になったと聞きました。しかし、夫が生きていた頃はまだありませんでした。やはり、家族とはすれ違うという感覚でした。

読んだら家庭へ　2001.1.29(月)

評議会ニュース No.617 2001 TOYOTA CALENDAR

■発行所　全トヨタ労働組合連合会　トヨタ自動車労働組合　■発行人　東　正元　■編集人　野村卓宏　■印刷所　中日本印刷株式会社

〔豊田(本社)・工場地区〕

2001 1 JAN (19)[19]						
月	火	水	木	金	土	日
1	2	3	4	5	6	7
8	9	10	11	12	13	14
15	16	17	18	19	20	21
22	23	24	25	26	27	28
29	30	31	*	*	*	*

2 FEB (21)[21]						
月	火	水	木	金	土	日
*	*	*	1	2	3	4
5	6	7	8	9	10	11
12	13	14	15	16	17	18
19	20	21	22	23	24	25
26	27	28	*	*	*	*

3 MAR (23)[22]						
月	火	水	木	金	土	日
*	*	*	1	2	3	4
5	6	7	8	9	10	11
12	13	14	15	16	17	18
19	20	21	22	23	24	25
26	27	28	29	30	31	*

4 APR (19)[20]						
月	火	水	木	金	土	日
*	*	*	*	*	*	1
2	3	4	5	6	7	8
9	10	11	12	13	14	15
16	17	18	19	20	21	22
23/30	24	25	26	27	28	29

5 MAY (19)[19]						
月	火	水	木	金	土	日
*	1	2	3	4	5	6
7	8	9	10	11	12	13
14	15	16	17	18	19	20
21	22	23	24	25	26	27
28	29	30	31	*	*	*

6 JUN (21)[21]						
月	火	水	木	金	土	日
*	*	*	*	1	2	3
4	5	6	7	8	9	10
11	12	13	14	15	16	17
18	19	20	21	22	23	24
25	26	27	28	29	30	*

7 JUL (22)[22]						
月	火	水	木	金	土	日
*	*	*	*	*	*	1
2	3	4	5	6	7	8
9	10	11	12	13	14	15
16	17	18	19	20	21	22
23/30	24/31	25	26	27	28	29

8 AUG (18)[18]						
月	火	水	木	金	土	日
*	*	1	2	3	4	5
6	7	8	9	10	11	12
13	14	15	16	17	18	19
20	21	22	23	24	25	26
27	28	29	30	31	*	*

9 SEP (19)[20]						
月	火	水	木	金	土	日
*	*	*	*	*	1	2
3	4	5	6	7	8	9
10	11	12	13	14	15	16
17	18	19	20	21	22	23
24	25	26	27	28	29	30

10 OCT (24)[23]						
月	火	水	木	金	土	日
1	2	3	4	5	6	7
8	9	10	11	12	13	14
15	16	17	18	19	20	21
22	23	24	25	26	27	28
29	30	31	*	*	*	*

11 NOV (22)[22]						
月	火	水	木	金	土	日
*	*	*	1	2	3	4
5	6	7	8	9	10	11
12	13	14	15	16	17	18
19	20	21	22	23	24	25
26	27	28	29	30	*	*

12 DEC (17)[17]						
月	火	水	木	金	土	日
*	*	*	*	*	1	2
3	4	5	6	7	8	9
10	11	12	13	14	15	16
17	18	19	20	21	22	23
24/31	25	26	27	28	29	30

2002 1 JAN (20)[20]						
月	火	水	木	金	土	日
*	1	2	3	4	5	6
7	8	9	10	11	12	13
14	15	16	17	18	19	20
21	22	23	24	25	26	27
28	29	30	31	*	*	*

2 FEB (21)[21]						
月	火	水	木	金	土	日
*	*	*	*	1	2	3
4	5	6	7	8	9	10
11	12	13	14	15	16	17
18	19	20	21	22	23	24
25	26	27	28	*	*	*

3 MAR (22)[21]						
月	火	水	木	金	土	日
*	*	*	*	1	2	3
4	5	6	7	8	9	10
11	12	13	14	15	16	17
18	19	20	21	22	23	24
25	26	27	28	29	30	31

□日の各勤務の対応は次の通り

	'01 1/20	1/27	2/17	2/24	3/17	3/24	4/27	12/26	12/27	'02 1/19	1/26	2/16	2/23	3/16	3/23
白直		休		休		休	休	休	休		休		休		休
黄直	休		休		休		休	休	休	休		休		休	
常昼A		休		休		休	休	休	休		休		休		休
常昼B	休	休	休	休	休	休				休	休	休	休	休	休

・常昼A：P-A、P-Bおよびそれに直結または類似した部署（但し、フレックスタイム制適用部署は除く）
・常昼B：上記常昼A以外の常昼部署（フレックス、U・TIME制度、裁量労働制など）
・期末の日付切替日の2直（夜勤）は翌月に計上。また、白・黄直の入れ替えを夏に実施する。
・連2部署については業務の特性上、常昼B型を適用するケースもある。

トヨタ自動車労働組合
TOYOTA MOTOR WORKERS' UNION

これがトヨタカレンダーと呼ばれるもの。社員をはじめ、関連会社、地元商店なども、これに合わせて仕事の予定を立てる。実物は色分けされているが、文庫化に際し、アミかけ、白抜き、ベタで区別した

トヨタ堤工場前で夫の遺影を持つ内野博子さん。夫は、写真背後の堤工場内で死亡した

「必要なものを、必要なときに、必要なだけ作る」トヨタ

昇進してEX（エキスパート＝旧班長）になった2000年くらいから残業が増え始めました。それでも、EXになった当時は、一直（早番＝6時25分〜15時15分）勤務のときには、残業をすませて夕方6時に帰って、6時半くらいに食事できていました。

でも、夫の様子が明らかにそれまでとは違うと気付いたのは、亡くなる前年の2001年夏頃です。この年の子どもの誕生日6月12日の2連休が、自分の都合でとれた最後の予定年休でした。蒲郡《がまごおり》にある「子どもの国」に遊びに行って楽しく過ごしました。このときから亡くなるまでの9カ月間は自己都合の休みはとれていませんでした。その9カ月間の働く様子は、明らかにそれ以前とは違って異常だったと思います。

「休みはとれないの?」と聞くと、「ちょっと無理だな」と言っていました。

他の社員と同じように、夫は車で通勤していました。自宅から工場の駐車場まで約25分。工場はとても広いので、職場に着くまでに時間がかかります。地下道を通って工場の門に入り、それから各工場の横を抜けて、車体工場まで入ります。

その途中にあるロッカーで着替えるのです。夫は車体部品質物流課(自動車のボディーに、ゆがみや傷、くぼみがないかどうか品質管理をする部署)で勤務していました。始まる30分か1時間近く前には着くようにしていました。渋滞などを考慮して、みんな早めに着くようにして、何かしらやっていましたね。その時間の半分くらいは仕事として認めてもらいました。

残業には2つあります。ひとつは車を作るラインに就いている人の残業です。車を作る人はそこに張り付いていなければなりません。EXになってから夫はライン外の残業をするようになりました。

自動車の生産ラインはいろいろな工程があるが、健一さんの部署の前段階がプレス工程、後の工程は塗装・組み立て工程だった。健一さんは組み立てラインの外にいて、ライン作業者からの情報を受けて、前工程や後工程にフィードバックしていた。

トヨタでは品質管理が徹底していて、総合的品質管理（TQC活動）が非常に重視される。「ジャスト・イン・タイム」方式といって、必要なものを、必要なときに、必要なだけ作る方式だ。たとえば、1台の自動車を作る過程で、組み立てに必要な部品が必要なだけ、そのたびに生産ラインの脇に到着する。こういうやり方が徹底されると在庫がほとんどなく、とても効率的だが、働く人にとっては非常に厳しい。

謝罪、怒鳴られるのが夫の仕事だった

夫の仕事だった品質管理ですが、ふつう品質管理というとできあがった自動車をチェックするのだと思われるかもしれません。しかし、生産ラインの塗装、組み立て、といろいろあるすべての工程で、ライン作業をしながら完全な品質チェックがされて次の工程に送られるのです。ひとつの工程できっちりとチェックして不具合を改善しないと、次の工程に引きつげません。

各工程のラインの脇に、必要なときに必要な量だけ部品が届けられるジャスト・イ

ン・システムが成り立つには、健一さんが行っていた各工程での品質チェック・不具合処理が不可欠なのだ。

各工程で不良品を出して、ラインを停止させるようなことがあれば、トヨタシステムの確立はあり得ない。不良車が発見されたときは、次の工程に行ってGL（グループリーダー）かCL（チーフリーダー＝工長）に謝罪する。

それと同時に不良車を出した部署にすぐに連絡。不具合の修理担当者を決めて、具体的な修理の段取りも指示しなければならない。このときに、ラインを動かしながら修理するのか、ラインから車を下ろして修理するのか、それともライン全体を止めるのかなどの重大な決断が健一さんらに求められていたのだ。効率最優先のトヨタシステムで、万が一にもラインを止めることになれば、大変な失点となる。

とにかく、不具合を解消するためのトラブル処理がメインでした。前の工程と後の工程を夫は行き来し、対応します。足りないものを調達したり、予定どおりに行かなかったときは、関係部署に行って謝罪したり、激しく怒鳴られるのが仕事だったそうです。謝るのが仕事みたいなものですが、謝る相手は上司ですから、よけいにストレスがあったのではないでしょうか。

よく怒鳴られたそうです。亡くなった日も、ずいぶん怒鳴られたそうです。いつもと違って顔がこわばっていた、と上司から聞きました。後で聞いて胸が痛みました。

休みの日も班長会の広報担当として就業

生産ラインの残業が増え、それが終わってからの残業もだんだん増えていきました。とくにEX（エキスパート）になってからは、いろいろな役職がつきました。これからお話しすることは、通常の業務における残業ではなく、それ以外にしなければならなかった仕事のことです。

たとえばEX会の仕事。班長会のようなものですが、EXになったら必ず入らなければならない会で、夫は役員に選ばれました。定例役員会は月1回。定期総会は1年に1度ありました。昔は娯楽が中心でしたが、何年か前にレク活動は廃止の方針になっています。本来会社が行うはずの地域参加のイベントや、EX社員の士気を高める弁論大会が主な活動でした。

弁論大会では弁士として、上司と何度も打ち合わせをして、工場大会まで出場しました。横のつながり、連帯感を持たせるための親睦会《しんぼくかい》もあります。EX会の広報担当係でした。

いろいろなイベントがあるので、そのつどチラシやポスターの作成、細かな段取りや打ち合わせ準備、そして当日は実行……とやることはたくさんあります。イベントは休日にありますから、その責任者である夫にとっては、表向きは休日でも身体を休めることができず、実質的には就業でした。

亡くなる1週間前の一直（早番6時25分～15時15分定時）明けには職制会もありました。これは、CL（チーフリーダー）、GL（グループリーダー）、EX（エキスパート）の3層で行う三層会です。

EXは現在は職制ではないそうですが、慣例として職制会は基本的に参加です。お酒は一滴も飲めないのに、会終了までつきあわされて、自宅と反対方向に住む上司2人を車で送ってから、夜中の3時半に帰ってきました。その日は早番でしたから、ほぼ24時間起きていたことになります。会社に抗議の電話をしようかと思いました。

昼に組合・職場委員の会議、土日には組合研修も

組合の仕事も、トヨタのなかでは仕事のひとつです。それで、組合の職場委員も何年かに1度はやらなければなりません。それから組合の評議会から降りてきた情報を皆に伝えたり、意見をまとめたりする仕事もありました。こういう仕事をしないと昇進できません。福利厚生業務が主であり、組合活動というより、会社の人事の業務という感じ

がします。私たちも組合会館（カバハウス）で結婚式をしました。

実は、組合というものが、会社のなかを変えようという組織だという概念が私にはまったくなかった、というより知らなかったのです。組合での夫の仕事を見ていて、労働組合の活動というのは会社の仕事・業務だと思っていたんです。

職場委員の会議は、お昼休み。だからお昼抜きになってしまうこともあります。お昼休みの職場委員の会議出席簿もあります。泊まりがけの組合研修が土日にあります。前の金曜日が遅番であれば参加できないので、そのような場合は、職場命令で金曜日が休みになりました。ですか

職場委員出席簿　H14　ボデーA

	職委	職懇	職研	職委	職委	職懇	職委	職委	職委	職研	職委	職委	職懇	職委	職委	職委	職委	職懇	職委	職委	職委	職委
日時	9/11	9/20	9/29~30	10/19	11/2	11/16	11/20	12/5	12/12	12/15	12/20	1/9	1/15	1/30	2/4	2/7	2/14	2/27	3/20	4/4	5/9	6/6
[illegible]	○	○	○	○	○	○	○	○	○	○	○	○	○	○	○	○	○	○	○	○	○	○
[illegible]	○	○	○	○	○	○	○	○	○	○	○	○	○	○	○	○	○	○	○	○	○	X
[illegible]	○	X	○	○	○	○	○	○	X	○	○	○	○	○	○	○	○	○	○	○	○	○
[illegible]	○	○	○	○	○	○	○	○	○	○	X	○	○	○	○	○	○	○	○	○	○	○
[illegible]	○	○	○	○	○	○	○	○	○	○	○	○	○	○	○	○	○	○	○	○	○	○
[illegible]	○	○	○	○	○	○	○	○	○	○	○	○	○	○	○	○	○	○	○	○	○	○
[illegible]	○	○	○	○	○	○	○	○	○	○	○	○	○	○	○	○	○	○	○	○	○	○
内野 健一	○	○	○	X	X	○	○	X	○	○	○	○	○	○	○	○	○	○	○	○	○	○
[illegible]	○	○	○	○	○	○	○	○	○	○	○	○	○	○	○	○	○	○	○	○	○	○

8-②-2

職場委員出席簿。一応は組合活動だが、実質的な業務である。土日に研修もあり、昼休みの会議が長引けば昼食もとれない

ら、とりたくてとる年休ではないんです。

でも、裁判で被告の国からは「年休をとっているじゃないか」と言われてしまいました。

職場委員会議と聞けば、組合活動のように思える。しかし、入社と同時に組合に加盟するユニオンショップ制でもあるし、どう考えても組合活動＝会社の仕事だ。「お昼ご飯も食べられないこともあるんですから、組合がなければだいぶ楽だったと思います」と内野さんが言うのもうなずける。

交通安全リーダーとして連日「話し合い実施シート」作成

さらに、健一さんは、交通安全リーダーも任されていた。車を作る会社として、交通安全には細心の注意を払わなければならず、事故など絶対あってはならないことだ。したがって交通安全リーダーの役目は重い。

日常的な仕事としては、交通安全ミーティングの執行と小グループ話し合い実施シート（92ページ参照）の作成があります。また「ヒヤリハット」といって、ひやっとした、はっとしたことがありますか、という質問に答えるものもあります。

通勤の間にそういうことはなかったかと用紙に書き込む作業があり、それを集めてまとめる仕事もしていました。誰がこうした、ああしたというのを彼が集めてまとめていたのです。社員の義務として。

これは毎日やっていたようです。万が一、同じ組で交通事故を起こしてしまった場合は、事故の対処もします。新入社員が運転免許を取ったときの指導も交通安全リーダーの仕事です。

猿投神社《さなげじんじゃ》というところに正月休みの最後には、みんなで揃って交通安全祈願に行かされていました。休み中とはいえ、そこに行かないなどということは許されません。体調が良くなかったのですが、リーダーとして断るという選択はありません。栄養ドリンクを飲みながら後輩を乗せて行きました。

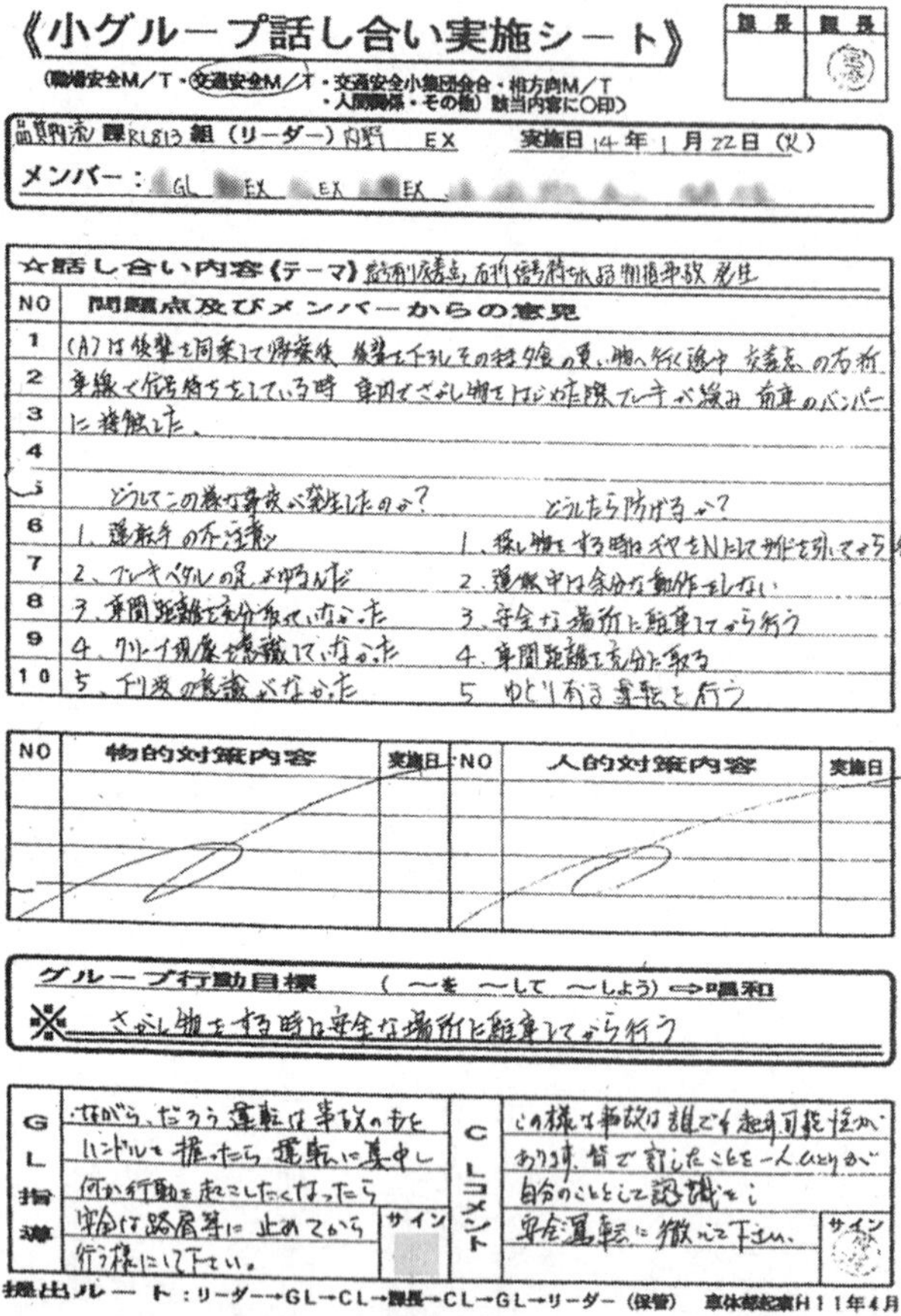

《小グループ話し合い実施シート》

(職場安全M/T・交通安全M/T・交通安全小集団会合・相方向M/T・人間関係・その他) 該当内容に○印)

課長	係長

品質物流課RL813組(リーダー)内野 EX　実施日14年1月22日(火)

メンバー：[redacted]GL [redacted]EX [redacted]EX [redacted]EX [redacted]

☆話し合い内容(テーマ) 交差点右折信号待ちによる物損事故発生

NO	問題点及びメンバーからの意見
1	(A)は後輩を同乗して帰宅後 作業を終えその後夕食の買い物へ行く途中 交差点の右折
2	車線で信号待ちをしている時 車内でさがし物をはじめた際ブレーキが緩み 前車のバンパー
3	に接触した。
4	
5	どうしてこの様な事故が発生したのか？　どうしたら防げるか？
6	1、運転手の不注意　1、探し物をする時はギヤをNにしてサイドを引いてから行
7	2、ブレーキペダルの足がゆるんだ　2、運転中は余分な動作をしない
8	3、車間距離を充分取っていなかった　3、安全な場所に駐車してから行う
9	4、クリープ現象を意識していなかった　4、車間距離を充分に取る
10	5、危険の意識がなかった　5　ゆとりある運転を行う

NO	物的対策内容	実施日	NO	人的対策内容	実施日

グループ行動目標　(～を　～して　～しよう)⇔唱和

※　さがし物をする時は安全な場所に駐車してから行う

GL指導		CLコメント	
〜ながら、だろう運転は事故のもと ハンドルを握ったら運転に集中し 何か行動を起こしたくなったら 車は路肩等に止めてから 行う様にして下さい。	サイン	この様な事故は誰でも起す可能性があります。皆で話したことを一人ひとりが自分のこととして認識をし 安全運転に徹して下さい。	サイン

提出ルート：リーダー→GL→CL→課長→CL→GL→リーダー(保管)　車体部起案H11年4月

小グループ話し合い実施シート。自動車製造会社としては社員の交通事故は避けなければならない。そのため、毎日交通安全運動が行われ、リーダーだった内野さんは、グループ内の書類を全部まとめていた

自主活動「創意くふう提案用紙」を提出、チェック

創意くふう提案用紙というものも書かなければなりません。これは期間従業員も含めてすべてのトヨタ自動車の従業員が月に1度提出することになっています。

現状と問題点、改善案、その効果を具体的な数値で表します。そして改善に必要な費用も書き込みます。いわゆる改善活動です。EXになるとまとめ役。月に1回全員が提案表を書かなければならないのです。しかも、勤務時間中に書いちゃダメです。これは会社側いわく〝自主活動〟であり自主的にやっているから仕事ではない、と。

この用紙を見ると、こういうことをやると、これだけ能率が上がる、ということを数字まであげて検証しているのです。どうみても仕事のように見えます。

いいものを書くと賞金が出るんですね。500円とか。本当に優れているものには5000円。夫が死ぬ2カ月前に書いたものは、2週間前に休日出勤をして再度上司と練り直し、6000円（95ページ参照）がついています。亡くなった後に振り込みがあってわかりました。（班のなかで）ひとつはいいものを出さなければならないので、他の人の提案用紙も夫はチェックしていました。

「書き方はこうしたほうがいい」というアドバイスもしなければならないのです。なかには、たまに書かない人もいたようです。仕事じゃないからやらないという意思表示をする方も、まれにはいらっしゃるようです。そういう方は、相当な覚悟をしなければなりません。

しかし、書かないと会社の評価は下がるし、夫はEXとして皆に出すように言わなければならない立場です。書かない人の分を書いていたこともあります。

しかも、提出するときに何回も上司に書き直されたこともあります。たとえば、6000円がついたものがその例です。そして、内容については実際に職場で改善をしてから報告をしているケースもあれば、内容がいいからとその後に実際に現場で改善されるケースもあります。

いずれも会社のコスト削減に一役も二役も買っているのです。夫の祖父もかつてはトヨタの従業員で、創意工夫による改善が特許に値するほどのものだったことにより、大臣表彰を受けています。ですから、祖父は創意工夫が仕事でないなんておかしいと言っています。

これが自主活動ですか？　どう考えても業務です。

それなのに、トヨタの社員に聞くと、「インフォーマルだ」と言うのです。どこまでが仕事に入るかわからないけれど、こういうことをやるからトヨタはいい会社だ、とい

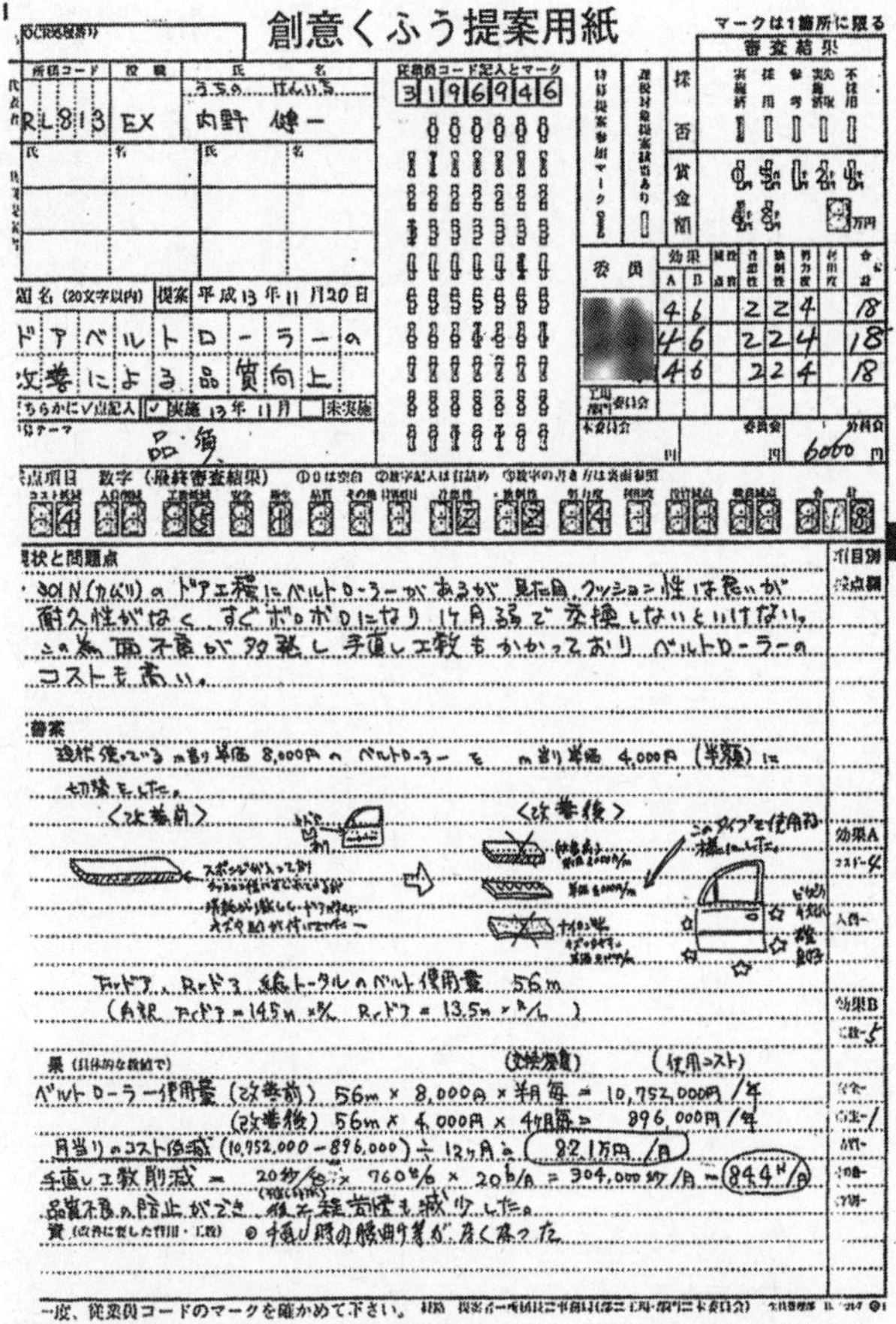

創意くふう提案用紙

マークは1箇所に限る

審査結果

所属コード	役職	氏名
RL813	EX	内野 健一

従業員コード記入とマーク 3196946

題名（20文字以内） 提案 平成13年11月20日

ドアベルトローラーの改善による品質向上

実施 13年 11月

現状と問題点

・301N（カムリ）のドア工程にベルトローラーがあるが、現在品クッション性は良いが耐久性がなく すぐボロボロになり 1ヶ月弱で交換しないといけない。この為 面不良が多発し 手直し工数もかかっており ベルトローラーのコストも高い。

提案

現状使っている m当り単価 8,000円 のベルトローラー を m当り単価 4,000円（半額）に切替をした。

＜改善前＞ ＜改善後＞

ドア全体のベルト使用量 56m

結果（具体的な数値で）

ベルトローラー使用量（改善前） 56m × 8,000円 × 24回 ＝ 10,752,000円／年

（改善後） 56m × 4,000円 × 4回 ＝ 896,000円／年

月当りのコスト低減（10,752,000 − 896,000）÷ 12ヶ月 ＝ 82.1万円／月

手直し工数削減 ＝ 20秒 × 760台 × 20日 ＝ 304,000秒／月 ＝ 84.4H／月

品質不良の防止ができ 顧客の苦情も減少した。

一度、従業員コードのマークを確かめて下さい。

創意工夫提案書。月1度の提出が事実上義務付けられている。何度も書き直されることもある。この用紙は、上司の指示で休日出勤した内野さんが書き直したもの

う考えになっちゃっている。「仕事じゃないけど賃金のつかない業務」と言って社員も納得するそうです。

倒れる直前、朝6時16分まで自宅パソコンで仕事

これも〝インフォーマル活動〟かと、外部の人間には不思議でしかたない作業が、「QCサークル活動」である。同じ職場内で、品質管理活動を自主的に行う小グループ活動のことだ。健一さんは、このグループのリーダーでもあった。QCサークル活動では、現状把握、計画、目標設定、効果の確認……というような一連のフォームがあり、テーマが3カ月に1度変わる。この「QCサークル活動」こそが2兆円の利益をもたらす重要な仕事だ。

別の人が手書きで書いたものを夫がパソコンで書き直し、グラフなどをつけてきちんとしたものに完成させたこともあります。QCの本なんか20冊くらいあったんですよ。どうやったらいいかわからないと彼も悩んでいて……。デスクワークは慣れていなかったものですから、パソコン操作も知りませんでした。

私と2人でパソコンとにらめっこして、グラフはこう作るんだと私が教えたりしてい

ました。本屋に行くとQCの本を集めていました。何をどこからやっていいかわからなかったのだと思います。何かのために役立つのかと思って手当たりしだいに本を買い、必死だったんです。

倒れる直前の2002年1月26日（土）と1月27日（日）の記録が残っています。26日は夜中の1時に私が起きると、夫はQCの報告書を打ち込み始めるところでした。私もインターネットをしながら一緒に起きていました。

夫のパソコンは朝の5時23分に更新されていますから、この時間までQCの仕事をしていたのです。これは工場でのラインの残業が終わり、事務的な残業もあり、その後自宅でしている仕事です。

1月27日午前0時に起床。休みの日は小さい子どもがいるので昼間に仕事はできないと思ったのでしょう。久しぶりに子どもと添い寝した後にふと起きてきて、この日は朝の6時16分に夫のパソコンは更新されています。

ところが組合に質問をしたら、「手書きでよかったのに、勝手にとは言わないが、内野さんが自分の判断で、自ら手書きしたものをパソコンで打ち込んだ」と言うのです。でも、夜中に1人でQCのフォーマットを埋めようと頑張っている姿を私は見てましたから……。

もう、頭がまわらない……笑顔もなくなった夫

亡くなる前年（2001年）の夏休みには、「もう頭がまわらない」と言っていました。休みなのに笑顔がない。思考が止まったような表情でした。それまでは、そういうことはありませんでした。お盆休みも2日くらい工場に出ましたし、上司と部下にはさまれて悩んでいるような感じでした。

ちょうどその夏は、上司の交代など会社内で動きがあった。健一さんの上司であるGL（グループリーダー）が2001年3月から海外出張に出かけ、そのGLが帰ってくる直前に次のGLも6月22日に海外出張に出た。このため健一さんはGLの代行も務め、その期間中の6月28日には、EXが年1回行う弁論大会があり、その準備にも追われていたという。

さらに7月は新車製造ラインの立ち上げがあり、帰国まもない上司とともに健一さんはその準備で多忙を極めた。9月になると、6月に海外出張したGLが帰り、健一さんの組のGLはまた交代した。健一さんは、通常の業務だけでなく、引き継ぎ業務に忙しいGLのフォローもしなければならなかった。

こんな様子でしたから、この夏は相当なプレッシャーだったと思います。それだけでなくて、まだほかにも役がありました。新人教育です。

4月に入った女性の新人社員がいました。深夜勤務も男性と同様にするのですが、無理のないよう、いつも声掛けをして気遣っていました。正規社員だけでなく、亡くなる1週間前からは派遣社員の指導もしていたといいます。亡くなった日は、この派遣社員の1週間の研修の最後の日で、「ご苦労様」とチョコレートを渡しながら労をねぎらっています。本当に優しい人でした。

6月頃から忙しさやそのほかで疲れている様子でしたが、どう見ても様子がヘンだと感じたのは、8月頃。明らかにそれまでとは違うと気付きました。数多い任務があるうえに、組合の職場委員を任命された頃です。ただ、夫は会社のことで愚痴を言うような人ではなかったから……。

そして夫は、「残業しても残業をつけられない」とは言っていました。たとえば、さきほどの創意くふう提案用紙に企画を書いても、その時間は残業にはつけてはいけない。ライン残業が終わって、プラス15分くらいはつけられたけれど、それ以上は無理でした。

連日の朝帰り「ライトを点《つ》けて帰りたい」

年が明けて2002年。遅番二直のときでした。遅番は深夜1時に終業のはずですから、私たちが起きるときには夫はとっくに寝ていなければならないのです。ところが、だんだん帰りが遅くなって、私が朝6時に起きるときに、まだ帰っていないということが起き始めました。

これは明らかにおかしい！　私は言いようのない不安にかられました。

その季節には、私が起きる6時はまだ辺りは暗くて、6時半にようやく明るくなってくるんです。その当時、夫は同僚の人に「ライトを点けて帰りたい」と言ったそうです。

この言葉を聞いた有志らが歌をつくり、「内野さんを支援する会」の運動で歌われている。

あれもこれもとやらされた
いつもノルマがのしかかる
夜勤の定時は夜1時
帰宅は朝の6時半

（中略）
小さい娘と赤子の坊や
愛する妻を残していった
悔しい悔しい胸の内
悲しいこの思い
働く仲間に伝えていこう

つまり夜が明けるまでに帰ることができれば、車のライトを点けて帰れます。でも、帰宅は朝が来て日が昇ってからになってしまったのです。

この年の〝トヨタカレンダー〟では、9～12月まで土日が休みになっています。しかし北米工場で生産されるようになってから、一直のときだけですが、土曜日が出勤になっていました。前年に生産台数を決めて翌年のカレンダーを決めていくのですが、このときは、輸出が増えていて、年が明けて1～3月までだけ土曜出にするのでは間に合わなかったのでしょうね。

家族最後のレジャーは半日休日で出かけたモンキーセンター

私は、夫が亡くなる前年の11月からパートに出るようになりました。仕事に復帰したいという気もあったし、まだ小さな子どもを保育園に預けて昼間外に出たほうが、夜勤明けの夫がゆっくり眠れると思ったからです。

私が仕事を始める前の10月中に、1日どこかにみんなで遊びに行きたいと話していたんです。1日休めないか相談しました。犬山市のモンキーセンターに行ければいいなあ、と。まだ残業がこれほどひどくなかった頃、子煩悩な夫は年休をとってよく子どもを連れて家族一緒に出かけたものです。

でも、このときは「無理だ、ちょっと無理だ」と大変そうでした。10月29日、30日になっても休みが決まらなくて……。

でも11月1日から私が仕事だからもう明日しかない。そうしたら「1日休みは無理だけど、もしかしたら半日休みは可能かもしれない」と、まずは出勤しました。出勤してから無理を言ってようやく、その日の午後に半日休みがとれることになり、お昼から一緒に出かけたのです。

10月31日のことでした。たった半日でしたが、これが家族みんなで遊びに出かけた最後の日となりました。

「カムリ」の不良品多発で月144時間の過酷残業

年末から年明けにかけて、「カムリ」の品質不良が多発し、健一さんは不具合処理に追われていた。正月休みは6日までだったが、休み中に九州工場との関係で2日間出勤した。それは「レクサス」の設備が九州工場へ移されたからである。

あまりに帰宅が遅いので、私は帰宅時刻をメモしていました。往復の通勤時間や駐車場から担当部署までの時間を差し引いても、残業は月144時間35分にもなりました。夫の死後、工場の担当部署に問い合わせたら会社の現場レベルでも114時間だったと認めています。現場が認めているのに労基署はなぜ認めないのでしょうか。

2月3日の節分の日は休みでした。子どもと豆まきをするときに鬼になってほしかったのですけど、疲れているのかどうも気が乗らないみたいでした。

でも、そろそろ日が落ちる頃になり、「子どもが喜ぶから」と重い腰を上げて鬼のお面を被りました。そのときが最後に撮ったビデオになります。でも、お面を被っているので顔が見えないんです。それを見て夫の母親が「顔が見えない」と泣くんです。それ

亡くなる1カ月前の年賀状が最後の年賀状になった

でも、亡くなる5日前のこのときに、ちょっとした思い出づくりができました。

1月に、ほんとうにおかしい異常な状況だったので、少し夫と話し合ったのです。「もう、私が会社に電話しようか」と言ったくらいです。言葉は悪いですが、もっと要領よくやって何とか体を休められないのかとも夫に言いました。でも、「しかたがない、しかたがない。もうちょっと頑張れば何とかなるから、あと少し頑張れば……」と夫は言うのです。

現場で働く人が1人辞め、2月1日に新しい人が入ってくると聞いていました。つまり、自分の仕事をうまく手伝ってくれて、いろいろな仕事のできる同じような年代の人が来るのを期待していたようです。そうしたらうまくいくのでは、と。

ところが実際に来た人は派遣の人だったのです。いろいろな業務や管理の仕事をできる人ではなかったのです。派遣の人は、ラインの仕事をするだけですから、本人はショックだったようでした。しかも、新しい人は1週間は研修で、夫はその指導もしなければなりませんでした。

最期の日「子どもに雪を見せたい」と言った夫

夫が倒れた週は二直（遅番）だったので朝帰りですが、帰りが遅く私たちと一緒に朝ご飯を食べることができたのです。でも、本来、一緒に食べてはいけないのです。夜中の1時に終わって帰るので、多少残業があったとしても、朝ご飯の時間は寝ていなければならないのですから。その週は帰宅が完全に朝でしたから、朝ご飯をずっと一緒に食べられるということになってしまったのです。子どもは喜んでいましたよ。

帰ってくるとまずシャワーを浴びて、朝ご飯を一緒に食べる、といっても、その週はもう疲れていて、全部は食べられませんでした。半分ちょっと食べて、「もう行くわ」と子どもに気付かれないように、そっと寝室に行っていました。

「とにかく寝たい」「寝てるときが一番幸せだ」と言ってました。会社の上司も、ミーティング中に居眠りをしていたと言っていました。

そして、あの日、2002年2月8日の朝がやってきました。本当は私が仕事の予定でしたが、なぜか休みをとっていたんですね。普段なら、夫が二直勤務（昼の2時過ぎに起床の必要）なので私が職場から家にモーニングコールをして起こすのです。たまたま私が休みで家にいたので、昼の1時に起きて一緒にご飯を食べました。「弟のところで子どもが生まれたので、週末にお祝いに行こう」なんていう話をしていました。

そしてずっと年休をもらえなかったのですが、次の週に1日休みがもらえるかもとも話していました。

冬だったので、その休みに「子どもに雪をみせたい」と言っていました。ほんとは年末に雪を見せに行こうと言っていたのですが、できませんでした。半年ぶりくらいで年休がとれそうだったんです。それで、雪を見せようと。

ただ3歳の子どものスキーウエアーがなかったので、友達に借りに行こうという話もしていました。

あと1日頑張れば山を越せる、そんな感じだったのです。

ご飯を食べ、「ほんじゃ、行ってくるわ」と出かけました。私は、最後の出勤を見送ってしまったのです。このときに、引き止めていたら……。

夫がついに勤務中に倒れる

日付が変わって2月9日、夫が倒れたことを知ったのは、朝5時くらいです。変則勤務の夫を少しでも寝かせようと、いつもリビングの電話の音が寝室で聞こえないようにしていたので、会社からの電話を受けられなかったのです。

連絡がいろいろ回って、私の母が自宅までやってきて、ようやく知ることができました。

倒れたのが朝4時20分くらい。上司と一緒に机で「申し送り帳」を書いていて、返事がないなと上司が思ったら倒れていた。そのときのイビキは通常のものではなかったと聞きました。

夫が倒れた詰め所というのは、工場の天井からぶら下げてつくってあるような小さな事務所です。そこから下ろすのに時間がかかってしまったそうです。

〝私設救急車〟でトヨタ記念病院へ運ばれる

倒れた夫は、トヨタ記念病院に送られました。会社が後に提出した「当日の詳細」という当日の記録に「救急車で運ばれた」と書いてありますが、119番の救急車じゃないです。会社の救急車なのです。

工場には、もともと会社の消防車と救急車が用意されているのです。ある程度の設備があれば民間のものでも救急車と認められるようですね。でも、見かけはまったく普通の救急車と同じ。一般の救急車もトヨタ車ですから当たり前です。ですから、私も普通の119番の救急車と思っていました。

ふつう、救急車に乗ってくる救急隊員だと、頭動かさないようにするとか脈をとるとか、心臓をチェックするとかの処置や手当てをしますよね。でも、実際には、社員でもなくて門番を兼ねている人が救急車に同乗したのです。設備はその車に備わっているかもしれないけど、それを使えない人が来て、救急車が走行中に揺れているからと、脈をとることすらできなかったのです。

ですから、誰も救急手当てはしていないはずです。このことについては、会社に質問を出していますが、いまだに回答がありません。

堤車体部　内野　健一氏の2／8(金)の状況

（上司　[redacted]GLおよび関係者からヒアリング）　　堤)車体部

時間	内　容
	※当日の勤務は2直　…始業　16:10　定時　1:00
15:30	・出勤。ロッカールームで着替えを済ませ詰所着。
16:10～16:15	・組内始業ミーティング。(組全員で実施)
16:15～20:25	・2／4配属者　期間従業員　[redacted]　さんに対する"シェルボデー溶接パトロールチェック"の作業訓練。および現地指導を実施。
20:25～21:10	・昼休み。食堂で[redacted]CL、[redacted]GL、[redacted]GL、[redacted]氏、[redacted]氏とともに食事。(特に変わった様子は無し。生協売店でチョコレートとコーヒーを購入し詰所に戻り雑談。)
21:10～22:40	・上記、[redacted]さんの作業訓練と指導。
22:40～22:50	・ホットタイム。シェルボデーラインサイド小休憩所で仲間と懇談。
22:50～23:00	・品質係ライン外の通常作業。
23:00～23:30	・塗装中塗工程品質不良不具合調査立会い。
23:30～0:20	・品質係ライン外の通常作業。
0:20～0:30	・ホットタイム。
0:30～1:00	・品質係ライン外の通常作業。
1:00～1:10	・残業前小休憩
1:10～2:00	・ボデー課　[redacted]CL、[redacted]EXと中塗工程で手直し不良の立会い調査。取り廻しを[redacted]EXに依頼し、詰所に戻った。
2:00～2:50	・シェルボデーライン残業(0.75)が終わったので申し送り帳記入を始めた。
2:50～3:45	・EDライン作業者([redacted]氏、[redacted]氏)からの業務報告を受け、その後、二人とチョコレートを食べながら雑談。[redacted]氏は3:40に退場、すぐ後に内野EXが退室され[redacted]氏は3:50頃に退場した。
3:45～3:50	・ドア組(551組)の詰所に行き"ドアパーツED送り"を[redacted]GLに依頼し、タバコを吸いながら雑談し詰所に戻った。
3:50～4:10	・ドア組の[redacted]氏が出勤直後に話しをした"ドアフレーム不具合"(外注品…アイシン)の件について対応を確認。二人とも忘れていたので翌日、メーカーに調査依頼を出すために不良品を直接現場に出向き持ち帰った。
4:10～	・申し送り帳の記入再開。[redacted]GLと雑談をしながら記入していたが、返事が無くなった。
4:20	・内野EX倒れる(椅子から左側に崩れるように)。急いで声を掛け体を揺すったが応答無く意識も無い状態。(いびきをかいていた。また、片目が薄目の状態) すぐに堤保安係へ救急車を要請(119番)。
4:28	・救急車職場到着。　　　　} この間、[redacted]GLは自分が病院へ同行するため関係者への連絡を[redacted]GLに依頼
4:30	・救急車が職場を出発
4:35	・救急車、正門着。隊員を一人追加し(計3名)出発。
4:50	・救急車、トヨタ記念病院着。一節、ICUへ。 ・[redacted]GLが関係者への連絡を実施。([redacted]CL、[redacted]CL)
5:30	・[redacted]CL、病院到着。　　　　} この間はICUには入れず。
5:50	・内野EXのご両親が病院到着。
6:05	・[redacted]CL、病院到着。
6:20	・ご両親、[redacted]CL、[redacted]GLがICUで面会。酸素吸入中。
6:30	・奥様、病院到着。即、ICUへ入室。
6:35	・宮崎課長、病院到着。
6:57	・トヨタ記念病院　杉浦医師よりご本人がお亡くなりになったことが告げられた。

会社が調査した内野さん最後の1日。「119番」とあるが、これは会社の私設救急車のこと

それに、20分もかかる病院に行くでしょうか。着いたときにはDOA（Dead On Arrival）＝到着時心肺停止。普通は心肺停止した人は病院に入れてはダメなんですね。事件ですから、警察が来ないと。そういう問答があったそうです。救急車に同乗した人も何もわからずにパニックになっていたようで、病院に入れるしかなく、ICU（集中治療室）に入れられました。

通夜で人事の人に退職金の話をされた

私が到着するまでは、医師が手で心臓マッサージを一応していてくれたんです。本当はもうダメだったのですが、夫のお母さんが「博子が到着するまではお願いします」と頼んでくれて……。

会社の人も病院に来ていましたが、うつむいた感じで何も言えなかったです。みんなわかってるんですよ、あまりにも忙しかったことを……。私が何を言っても反応できませんでした。

お通夜の夜に、人事の人が退職金がどうのこうの、と言って書類を持ってきて。それがショックでショックで……。「退職」という感覚が全然なかったですから。好きで死んだわけじゃないのに。死んだらもういらないの？　使い捨てなの？　とショックでした。つらかったです。夫はこんなに一生懸命に働いたのに。なんで通夜に退職金のことを言いに来るの……。あとで聞いたら、葬式代などで大変な人もいるためだと聞きましたけど。組合の人だったと思うのですけど、通夜の日に10万円くらいのお金を持ってきました。悔しかったですね。亡くなったことも自分自身まだよくわからなかったのに。

葬儀場でも悲しんでいるヒマないですよね。親戚の焼香順を決めてください。祭壇の大きさはどうします。お返しの品はどうします。そして挨拶。夫のお母さんは倒れてしまうし……。子どもはちょこちょこ走り回って水こぼしているし、いろんな人に連絡せなあかんし……。

署名したら夫がクビになると思っている奥さんたち

亡くなるまでの半年は、異常な働き方で思考が止まったような表情になってしまいました。病気もなかったのに、夫の死が職務とは関係ないと言われても納得できません。これは、家族や会社のために頑張ったということを、認めないということです。

内野さんが労災認定を求めて裁判を起こした想いは、この言葉に集約されている。とはいうものの、内野夫妻の親戚関係をはじめ、周りはトヨタ自動車関係で働く人が多く、

トヨタ本社。周辺は立派な道路が走るが、人通りは極端に少ない

活動するのは、精神的につらい部分もある、と言う。

確かに取材で訪れた豊田市周辺は、町の様子からして違う。トヨタの看板が目立つ。「豊田市トヨタ町一丁目一番地」にトヨタ自動車の本社がある。もともと挙母《ころも》という地名だったのを豊田市に変えてしまった。車で市内を回っていたら、トヨタ系列の結婚式場もあった。まさにトヨタ一色である。

この町で、内野さんは、「労災の認定を認めてほしい」という名古屋地裁宛の署名を集めているが、なかなか難しいという。

署名をお願いしても、トヨタ社員の奥さんは書きません。署名したら夫が

2006年8月15日（火曜日）

豊田労基署

企業関係者とゴルフ

愛知労働局が元署長ら調査

愛知県豊田市の豊田労働基準監督署の元署長らが、管内の自動車部品メーカーが法人契約を結んでいるゴルフ場の割引券を使い、ゴルフをしていた疑いことのあることが十四日、分かりました。利害関係者から割引券などをもらったり、ゴルフを一緒にすることは、国家公務員倫理規程に違反する可能性があり、愛知労働局が調査しています。

愛知労働局によると、調査の対象となっているのは二〇〇三年当時の豊田労基署長と二〇〇〇年当時課長だった二人、自動車部品メーカーを定年退職して同労基署に再就職した総合労働相談員の計四人。相談員が同社関係者とゴルフをする際に署長らを誘い、割引券を使ってプレーしたといいます。

この相談員をめぐっては、従業員の内部告発を会社側に漏らした疑いもあるとみて、愛知労働局は調査を進めています。

同労働局によると、〇三年十一月、相談員の出身の自動車部品メーカー従業員から、豊田労基署に労働条件に関する内部告発がありました。その後、同労働局は、同社側が告発した従業員の部署名や告発日、告発方法などをこの相談員から聞いたとする社内文書を入手しており、相談員が内部告発の事実を会社側に伝えた疑いがあるといいます。

車正面衝突
4人が死亡
北海道

十三日午後四時半ご

豊田労基署ゴルフ接待記事（しんぶん赤旗）。労働基準監督署と企業の癒着を示している。これで公正な判断を下せるのかクビになると思っているんです。それくらい、考えることからもみな逃げているのだと思います。会社に対して、ちょっとでも横並びでないことはしないという雰囲気があります。トヨタグループのなかで、過労で亡くなったとか自殺したということは聞いていません。でも、遺族の方は、なかなか表に出てこられないのです。

会社からは、通常の退職金以外、何もありません。最初の頃は、私個人で書類を会社にお願いしていたので協力的でしたが、最初に労働基準監督署に請求を却下されたときから、会社の対応が変わりました。

会社の人とは会ってないですね。会社に連絡を1度したのですが、携帯電話にかけたら「携帯には連絡しないでください」と言われ、謝りました。

夫と一緒に働いた人のなかには、「申し訳ないが（裁判や署名には）どうしても協力できないんです。すいません」という方もいます。それでも、ある方は夫の残業をある程度認めて、労基署で証言してくださったのです。しかし、労基署はその資料を意図的に作らなかったのか、作っても隠したまま、請求を却下しました。労基署は信じられません。

「トヨタ自動車労働組合」は非協力的で話にならない

そういう状況でも、私を支えるために「支援する会」(内野さんの過労死認定を支援する会)をつくってくださった地元の人たちもいます。この会にはいろいろな方が入ってくださっていますが、元同僚の方はいません。会社の組合(トヨタ自動車労働組合)にも相談しましたが、非協力的で話になりません。

会に入ってくださる社員の方は、よほど自分の意志を持っている方。たとえば奥さんが学校の先生であって「署名をしたからといってクビになることなんてないんじゃない？」と、トヨタ以外の視点で言ってくれる人がいる環境にある人です。このように、外部と接点を持っている方しか運動はできません。

会社の組合員で「支援する会」に入ってくれている人たちは、本当は組合を変えたいと思っているのではないでしょうか。最初は、直接、顔見知りでない組合員の方がなぜ支援してくれるのかと思っていました。今となっては、私の裁判を支えることで彼らが今まで会社内で言えなかったことを訴えたいのだとわかります。

夫のように頑張って働いた人間によって、2兆円(経常利益)というトヨタの利益が生み出されているのです。それなのに、〝自主活動〟だから仕事じゃないと、監督署が労災を却下するなんて信じられない。これでは、今、無理して働いている人たちの状況だって何も変わらない。

子どもが「おとうさん、しごと　ありがとう」と言える日はいつ？

夫が亡くなって4年半以上経ちました。昨年（2005年）の暮れ、「次の裁判には応援に行くよ」と言っていた祖母が他界し、寝たきりだった祖父もあとを追うようにして亡くなりました。そのうえ、今年の5月、母が亡くなりました。夫を労災で亡くした娘のために、末期ガンの病床で署名を集めてくれていました。

夫の死後「負けるもんか」と仕事をしながら家事と育児に追われて毎日を何とか過ごしていますが、応援してくれていた祖父母、母も死に、精神的に限界です。

今年の父の日に、息子が保育園でパパにプレゼントを作りました。ペットボトルの容器で作った人形にクラスの共通メッセージ「おとうさん、しごと　ありがとう」と書かれていました。

この言葉を私はどう受け止めていいか悩んでいます。パパにとっても私にとっても、パパの仕事はありがたくなかったからです。

でも息子は「パパに会いたい。パパにあげる」と言います。小さい頭でどう理解しているのでしょうか。仏壇にこのプレゼントを供え、「おとうさん、しごと　ありがとう」と言える日がくるように、と祈るばかりです。

＊初出　MyNewsJapan ２００６年11月１日、11月３日、12月８日

【文庫版への追記】　２００７年11月30日、名古屋地方裁判所は、原告・内野博子さんの訴えを全面的に認める判決を下した。被告の国が控訴を断念したため12月14日に判決が確定した。トヨタが〝自主活動〟と称していた「創意工夫提案」「ＱＣサークル」「交通安全活動」「ＥＸ会の役員としての仕事」などは、すべて業務であると認定された。

闘う労組「全トヨタ労働組合」委員長は語る

前項で紹介した30歳の若さで過労死した内野健一さんに社内で相談できる人はいなかったのだろうか。妻の博子さんの話のなかに、労働組合が労働条件改善のために動いたという話はまったく出てこない。社員を助けるどころか、逆に「第二労務部」として労働組合が社員を追い込んでいるのが実態なのだ。

結成のきっかけは40代社員の首吊り自殺

こうしたなかで、2006年1月22日、組合員15人の闘う労組「全トヨタ労働組合」(全ト・ユニオン)が結成された。既存の「トヨタ自動車労働組合」(組合員約6万5000人)に対抗し、委員長の若月忠夫氏が新たにつくらねばと思ったきっかけは、ある40代社員の自殺だった。組合員すら救おうとせず、トヨタ批判者を徹底マークしたうえで、〝不穏分子〟の若月氏を応援する者のあぶり出しまでする御用組合。勤続42年、50歳で班長昇格という不遇のなか、会社や既存組合と闘ってきた委員長が「トヨタの思想

若月忠夫全トヨタ労働組合委員長

会社の御用組合でない本当の労組「全トヨタ労働組合」(全ト・ユニオン) や愛知県下の他の労働組合が活動を始めると、会社の人事部による監視活動が始まる。写真は公安警察ではなく、トヨタの正社員

統制」について語った。

50歳で班長（EX）という昇進の遅さ

私は、昭和40（1965）年に入社してから、トヨタ自動車元町工場で42年働いています。車のボディーを作るプレス加工の職場です。いまの役職は、EX（エキスパート）。昔でいう班長です。過労死した内野健一さんと同じ役職ですが、ふつう高卒で入った場合は、12〜13年、30歳前後でEX（班長）になる。私は差別されていたので交渉に交渉を重ねたうえで、ようやく50歳でEXになりました。

私自身は山形出身。入社は、東京オリンピックの翌年（1965年）で、高度成長の始まりの時期です。高速道路ができ始めた時代で、まさに自動車産業＝トヨタ自動車を支えてきた世代なんですよ。ローカルトヨタからグローバルトヨタに成長した原動力の1人として、それはそれで誇りを持っています。

トヨタ社員の首吊り自殺の真相

もう十数年前のことになりますが、私が本当にまっとうな組合活動をしなければならないと思った事件がありました。

私自身が悔しい思いをしたのは、ある社員が追い詰められて自殺してしまったことです。自律神経失調症に陥ってしまった人が私に相談してきました。「いまの連続二交代の勤務体制では、妻の健康状態も良くなく面倒を見なければならないので、とてもじゃないが勤められない。オール昼勤務だけの場所に配置換えをしてほしい。なんとかしてくれないか」というのが彼の相談内容でした。

そのとき私は既存労働組合の組合員でしたが、しかるべき部署と相談したことがあるんですよ。それでも埒《らち》が明かなくて、彼は自宅で首吊り自殺をしてしまった。まだ40代の若さでした。彼には奥さんと子どもが1人、ちょうど子どもが高校に入った時期でね。彼の命を救ってやれなかったという痛恨の悔やみ。しかも、彼の上司は労働組合の役員経験者だった。そういう役員経験者がなぜ彼を救ってやれなかったのか。

上司は自殺した彼を嫌って、「こんな者は辞めてしまえ」「自分たちにとって足かせだ」と言って、自殺前、彼に嫌がらせをしていました。挨拶しない、話を聞かないという対応を受けて、彼は孤立していたのです。

自殺してしまった彼の葬式に、その上司が持ってきた香典が2000円だったのを覚えています。

「あなたのために組合があるんじゃない」という考え方ですよね。労災の問題でも、労働組合が取り上げたケースは1件もないですよ。本来なら、こういうことに対応することに組合の存在価値があると思うのですが、相談に行っても受け付けてもらえないそうです。1人のために存在してこそ労働組合なんですよ。

信頼できない・弱い・頼れない「トヨタ自動車労働組合」

新しい組合をつくらなきゃならんと思ったのは、ここ数年のことです。それまでは既存の労働組合を何とか改めなければと思っていました。私流に言わせてもらえれば、信頼できない、弱い、頼れない労働組合（トヨタ自動車労働組合）。これをなんとか変えたい気持ちでしたね。

私が24歳くらいのときに、職場委員に立候補したことがあります。労働組合の末端の役職は、職場委員というものです。10～30人くらいの職場のグループがあって、そこに職場委員というまとめ役が置かれます。

この職場委員を決めるシステムは、実は選挙じゃないんです。実際は、上司・会社機構が職場委員を決めている。その年の夏も労働組合の選挙があって、上司が決めた職場委員の候補者がいました。

それに対して、「私も職場委員をやりたい」と声をあげたのです。それで選挙を実施することになったのですが、おそらくトヨタのなかでその選挙が、自由意志による立候補者が出馬して職場委員を決める最初の選挙だったと思います。20人くらいのメンバーのなかで選挙をして、自薦候補である私が当選したのです。

組合活動で頑張ったら配転命令

職場委員としての役割を果たそうと、職場の休憩所に組合のコーナーをつくって機関紙を貼ったり、組合活動に関心を持ってもらえるように一生懸命動いたのです。そうしたら3カ月後に配転命令を受けてしまいました。

そのとき私は組合の本部に行って、

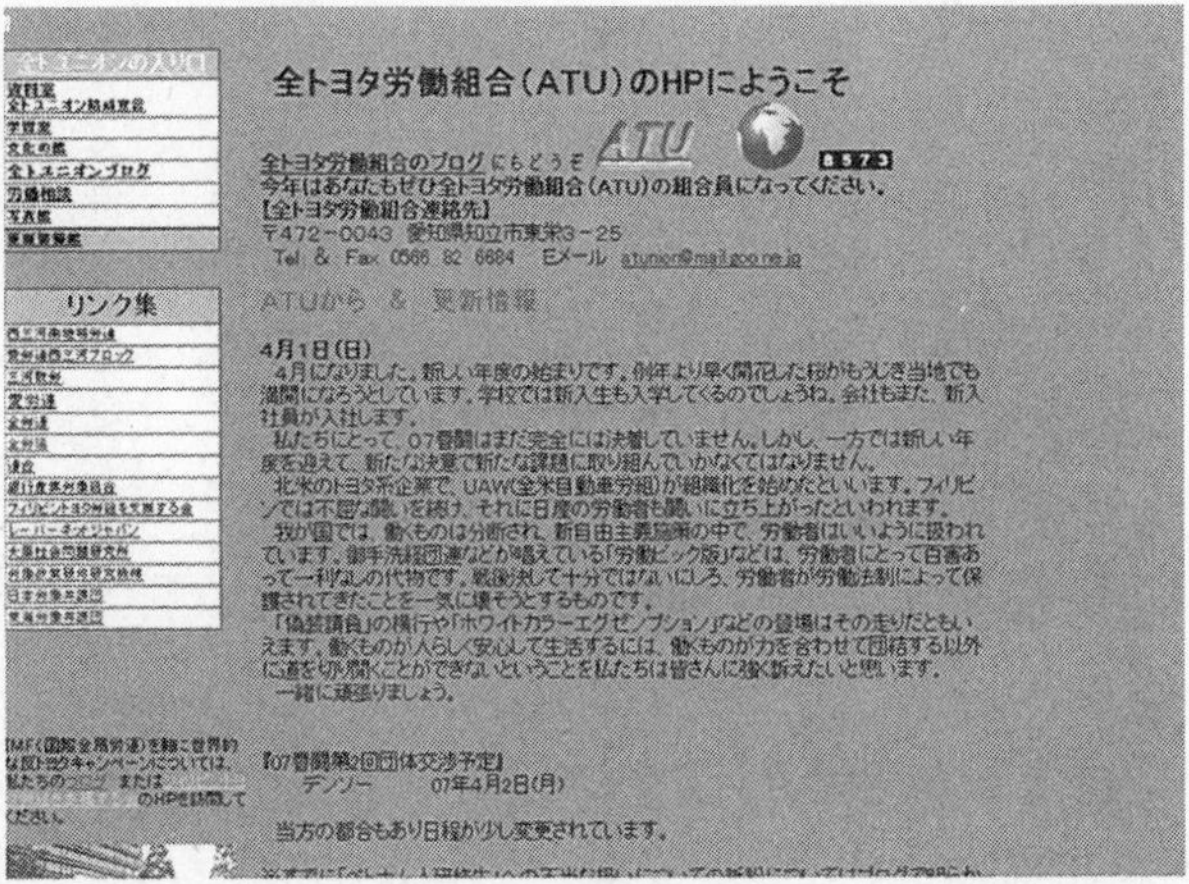

「全トヨタ労働組合」のHP

「職場委員になったばかりだから、こういう会社の行為をやめさせてほしい」と組合幹部に相談しました。しかし、組合幹部いわく「それは会社の方針だからしかたないでしょ」。

これには愕然《がくぜん》としました。労働組合なのに会社の立場に立っている。それ以降、組合に対する不信感はずっと拭い去れずに今日まで来ています。私1人だけ配転させると、いかにも不当労働行為になってしまうので、ほかに2人を配転させたのです。そのため、ほかの2人は配転に応じているのに私1人が文句を言っているような形にされてしまった。結局は配転に応じざるを得ませんでした。

トヨタ自動車は、1950（昭和25）年の労働争議以来、労使の関係にすごく神経を使っている。労働運動とか、あるいは共産党やシンパの人たちをものすごく毛嫌いしています。1970（昭和45）年くらいから、そういう人たちの排除が強まっていくのです。上司の言ったことに自分の意見を話しただけで「お前は共産党か！」と罵倒《ばとう》され、排除されていくわけですよ。

会社に対してだけでなく、組合活動のなかでも違う意見を言うと、組合役員に呼ばれる。組合は組合で、会社と一体となって労務管理をしているのです。会社と労働組合がお互いに役割分担しているようなものです。組合は、企業批判する人をマークする。企業批判をすることが、トヨタではタブーになります。

2006年10月3日

トヨタ自動車株式会社

代表取締役社長　渡辺捷昭　殿

全トヨタ労働

執行委員長　若月

全トヨタ労働組合印

リコール問題についての要請書

２００６年７月１１日付新聞報道によると、トヨタ自動車がＲＶ車の欠陥を認識しながら約８年間リコールを届け出なかったため、５人負傷の交通事故が発生したことで、熊本県警は業務上過失傷害容疑で社員の３人を書類送検しました。リコール問題に関してマスコミは言うに及ばずトヨタ車愛用者も大きな関心を持っています。会社は責任者を追及するという警察の姿勢に対応することで問題を解消するのではなく将来を見据えて自主的な問題解決に取り組まれることを強く望みます。

トヨタ自動車では'００年から'０５年までの５年間で届け出たリコール台数は５００万台を超え約４５倍に増加していることが報道されています。０５年には自動車メーカー全体の約３６％を占め他社に比べ増加傾向が際立っています。'０６年度に入っても7月１８日までの国土交通省届出は１０９万１８６３台となっています。

なぜ急増しているのか、問題点の抽出を徹底的に行い、原因を見極め問題解決に当たらないと企業の存亡にかかわる重大な問題になる恐れがあります。

全トヨタ労働組合から見た問題点は、

①プラットホームの統廃合　②部品の共通化　③設計のデジタル化と外注化　④新車開発期間の短縮による試作品の実験データ不足　⑤熟練技術者・技能者数の不足　⑥仕事量の増加と長時間労働　⑦原価低減の目標管理の厳格化など設計から製造まで安価な部品製造が利潤追求の第一でなかったのか検証してみる必要があります。

国交省の資料によれば不具合発生要因は「設計７割、製造３割」で設計の占める割合が大きくなっています。（トヨタ自動車の'００～'０５年間で見ると「設計５割、製造５割」となっている）

競争の名のもとに、安全な車づくりに欠かせない過程が結果的に軽んじられて見切り発車されているのではないかと危惧しています。

技術者の現状は、恒常的な長時間労働・高負荷と成果主義人事制度になやまされ、しかも慢性的人手不足のなかでストレスを強く感じながら、目前の仕事をこなすのが精一杯の状態で豊かな発想が難しくなっている。

そうした中で、技術者不足を補うために社外者活用が'０１年は4000人（24.9%）だったのが、'０４年は10000人（43.9%）を超える状況になっています。このことは必然的に、技術レベルを低下させ品質低下となって現れているのではないのか。

1

リコール問題についての要請書。全ト・ユニオンは、社会的に大問題になっているトヨタのリコール問題に関して、7つの要請を会社に対して行っている

組合選挙における犯人探し

24歳で初めて職場委員に立候補して以来、いろいろな人間関係もふくめて苦労しました。そのときは当選したからまだよかった。それ以降も立候補しましたが、当選したのは最初のときだけです。

それでも選挙に立候補すれば、1票、2票は入るわけです。すると、私に1票を投じたのは誰であるかという犯人探しが始まります。実際には投票してないのに「あいつではないか」と睨《にら》まれて、嫌な思いをするわけです。疑われちゃうんですよね。会社のやることに協力的でないように疑われる。若月に投票しそうな人間、若月とよく話をする人間とか、その程度で犯人扱いにされる。

そうレッテルを貼られると昇進差別につながっていくのです。一度睨まれるとそうなってしまう。職制に楯突《たてつ》いた、と言われたり。別に楯突くわけでなく自分の意見を言っただけで、あたかも楯突いたかのように受け止められて、一生うだつが上がりません。

不穏分子あぶり出し作戦

なんとか社内の労働環境を良くしようと、私は組合の役員選挙に立候補しましたが、最初に立候補する前の1971年に組合選挙制度を変えられてしまいました。それまでは、自薦候補、組合評議会推薦候補の2種類で自由に出馬できました。

新制度では、上部団体役員と三役（委員長・副委員長・書記長）の4つのポストについては、全国で50人以上の支持書を選挙管理委員会に出して認められなければ立候補できなくなったのです。50人集めるのは、はっきり言って大変なことですよね。全員名前を出さなければならない。つまり秘密投票ではないのです。

推薦してくれた人が組合員であることの確認をするために、選挙管理委員という建前で職場に電話を入れます。それも推薦人に名を出した組合員に確認するのではなくて、その職場の上司に電話を入れるわけです。

そうして「お前のところの誰それが、若月忠夫を支持しているが、実際におるのか」と確認をする。すると職場でばれてしまうのですよ。そうなると、まったく秘密選挙にならない。即、私を推薦した人が上司に呼ばれて説得工作を受ける。そしてやむにやまれず、選挙支持書への署名を断ってきます。

つまり、「50人の支持がないと立候補できない」という簡単な1行の裏はこういうことなのです。議員選挙のように自由に投票できるわけでなく、労働組合の役員を決める選挙なのに、会社への不穏分子として従業員のあぶり出し作業が行われるのです。

そもそも支持してくれる人は、最初はそんなことを考えない。ある人物が組合の役員にふさわしいと思えば、支持書にその人は名前を書く。組合の役員を選ぶのだから、まさか会社側のそんな工作があるとは思わないわけです。

それなのに、選挙管理委員会↓職場の上司↓呼び出し↓やめさせる説得工作。それだけじゃなくて、「お前、こんなことやってたら会社におれんようになるぞ」と脅しを受けるわけですよね。そう言われて初めて、推薦した本人が「これは大変なことだ」となる。ぜんぜん大変なことじゃないんですけど。当たり前のことをしているのですから。

これがトヨタ自動車の思想統制です。

そういう厳しさのなかでも、組合を変えなければならないと思って何度も私は立候補してきました。執行委員長選挙への立候補は4回くらいしました。

ビラ配りも「見ざる・言わざる・聞かざる」で妨害

トヨタ自動車は、厳しいというより全体主義でファッショです。北朝鮮と変わらない

緊急SAMIT説明者用資料②

8万人職場コミュニケーション総点検活動について

(1)背景・課題

- CS活動の着実な推進
- コンプライアンス遵守
- 品質に関する
- 重要問題の発生
- 収益構造上の課題
- 人材育成ニーズの高まり
- 人材の多様化
- 心の病　　等

(2)コミュニケーションの必要性

□ グローバル規模での事業拡大に伴い、
職場のコミュニケーションが不足している懸念あり。
□ また人材の多様化により、職場マネジメント自体も
難しくなってきている。
□ こうした状況下、コミュニケーションの不足に起因する問題が発生。
□ 悪循環を断ち、より強い職場づくりを目指し、職場マネジメントの
土台であるコミュニケーションを全社を挙げて再強化する。

(3)コミュニケーションのあるべき姿

□ 上司と部下の意思疎通が十分に図れており、良好なチームワークのもと、仕事の成果が出ている。
(上司) 部下の考え・気持ち・健康状態、仕事の課題・進捗等を十分把握出来ている。

(部下) 上司の方針・考え方を理解している。自らの考えもしっかりと上司に伝えている。

上司から理解されている、という実感がある。

(4)実施事項

□ 6～7月に、社内で働く全員(社員・期間従業員・派遣社員等)を対象とした、
「8万人職場コミュニケーション総点検活動」を実施する。

項目	主な内容	時期
趣旨の周知徹底	▽渡辺社長メッセージ配布、木下副社長講話(緊急部長会)。	6月初
	▽緊急SAMITの開催 → 各職場への確実な展開	今回
職場点検の実施	▽部、室・課単位に職場コミュニケーションの状況を点検。 ▽G・組単位に、職場としてのコミュニケーションに関する重点取組み事項を決定。	6,7月
その他	▽期間従業員、パート、嘱託、出向・派遣社員への声かけ・面倒見の実施状況の確認。 ▽各種相談窓口の再告知。	6,7月

(ご参考)コミュニケーション施策の位置付け

～ 仕事の成果を生み出すために、まずは職場コミュニケーションから ～

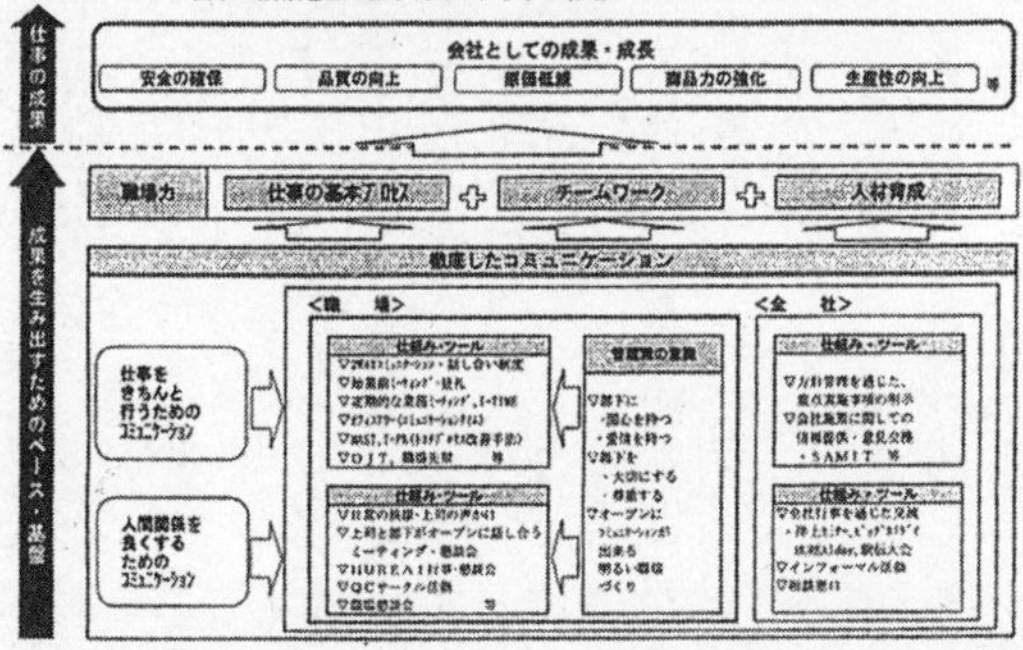

以上

緊急SAMIT。8万人職場コミュニケーション総点検活動と称し、トヨタ人事部が提出した資料。若月委員長によると、このページの左上にある「重要問題の発生」とは、闘う組合「全トヨタ労働組合」の誕生のこと

ですよ。すべてにおいて統制です。そういう状況で私たちの全トヨタ労働組合（全ト・ユニオン）ができて、その体制の一角が崩れたわけです。トヨタ本体だけでなく、下請けや孫請け企業の組合員、そもそも組合もないトヨタ関連会社の人、外国人、パート、期間工の人たちも自由に加盟できますし、そういう人たちがもっと人間らしく働ける職場にしようと頑張っています。

私たちの組合の考えや活動内容を知ってもらうためには、機関紙やビラを配らなければなりません。ですが、既存のトヨタ自動車労組は自由にビラ撒《ま》きができるのに、私たちの組合だけ社内・工場敷地内でのビラ配りが禁止されているのです。撒こうとすると、会社は「構内では撒いてはならない。許可しない」と言います。ですから、しかたなく工場の門の外側でビラを撒いて訴えてるんですよ。

しかも、私たちが機関紙やビラを配りはじめると、会社の人事と組合幹部が工場の外と内の二手に分かれ、業務を終えて出ようとする従業員には「外でビラ配っているから受け取らないように」と耳打ちし、外は外で、駐車場の出口などに立っていて、これから勤務するため工場に入っていく人に同じことをする。

それでもビラを受け取る人もいるのですが、そうすると会社と既存組合幹部が強圧的に取り上げようとします。同時に、ビラや機関紙を撒く人に張り付いて監視したり妨害したりするんですよ。これがものすごい役割を果たしているわけです。

見ざる言わざる聞かざる。三ザル主義を徹底的にやっている。会社が出す情報以外の情報を従業員に入れさせないのです。ビラを読む読まないは本人の判断だし、中身を判断するのは本人じゃないですか。それすら許しません。

掲示板の設置も同じです。既存組合には認めるがわれわれには認めない。労働組合は認めるが社内での組合活動は認めないなど、めちゃくちゃです。これは明らかに不当労働行為ではないかとわれわれは主張しているわけです。

トヨタがゴミ箱だらけになる「ある日」

そんななかで、外部の人が聞いたら笑うような「事件」も起きています。いまゴミの減量が目標とされ、自分で持ち込んだゴミは自分で持ち帰りなさいと会社は言っています。で、会社のなかで出た私物品のゴミは原則回収しません。

ただし、空き缶類は売ると金になるから回収する。なぜかというと、「燃焼させるのにエネルギーが必要だしＣＯ$_2$も出るから削減する」が理由のようです。だから、かつてあったトヨタの工場出入り口のゴミ箱が撤去されています。

ところが、あるとき突然ゴミ箱が現れるのです。

毎年２月に行うトヨタ総行動という活動があります。トヨタ総行動とは、全労連傘下組合をはじめ、下請け、孫請けなどトヨタ関連企業の従業員、大気汚染訴訟の原告などがともに行動し、トヨタ自動車にさまざまな改善を要求する運動です（これまでに28回あり、毎回1000人規模で本社などを包囲している）。

今年のトヨタ総行動（2007年2月12日）でも、われわれは、トヨタ本社等でビラを配り、昼からは集会をしてデモをしました。そうすると、会社の人事の人が監視していて、「来るぞ、来るぞ」と私たちを待ち構えているのです（119ページ参照）。

そして、主要な工場の敷地外でビラを配ったのですが、会社はゴミ減量と称して工場内外から軒並みゴミ箱を撤去していたのに、私たちがビラを撒き始める前からダンボール箱等でゴミ箱を作って、あちこちに配置したんです。写真（次ページ）は、元町工場の入り口の前に設置されたビラ回収箱です。本社では、ダンボール箱で回収していました。

ビラを受け取った人に対して会社が、「そこに入れろ」と臨時のゴミ箱にビラを入れさせるんですよ。あるいは受け取った人から取り上げたりね。「会社は私物のゴミは持ち帰りなさいと言っているのに、なんでゴミ箱を置いてビラを回収するんですか？」と僕らは詰め寄りました。回収するのは明らかに矛盾しています。

「トヨタ総行動」に参加した全トヨタ労働組合の旗。今年は2月12日、過労死従業員の遺族、孫受け企業、排気ガス公害患者ら約1600人が愛知県豊田市のトヨタ自動車本社に向けてデモ行進した。今年で28回目になるが、大マスコミはほとんど伝えていない（写真提供：全トヨタ労働組合）

闘う組合がビラを撒き始めると、会社はゴミ箱を各所に配置し、受け取った社員からビラを奪って廃棄処分に。環境対策でトヨタ工場敷地内から撤去されていたゴミ箱が突然、現れた

儲かっているのにベースアップ要求さえしない組合

まっとうな組合活動をしなければならないと思ったのは、40代の社員が会社に追い詰められて首吊り自殺してしまった事件だということは、すでにお話ししました。その後、新組合結成へ具体的に動き始めたのは、既存組合がベースアップを要求すらせず、労組の存在意義に疑問を感じたからです。

２００２年度にトヨタ自動車労働組合（既存の組合）は１０００円のベースアップを要求しましたが、トヨタ自動車は拒否しました（グループ各社も追随）。03年、04年、05年度は労働組合がベースアップを要求せず、結局４年間はベースアップゼロだったんですよ。労働組合が３年間も要求しなかったという歴史的な出来事があったんですね。

これが決定的でした。企業業績が伸び、企業の利益も伸びているのに労働組合が組合員の言葉に耳を傾けず、ベースアップすら要求しない。これでは労働組合の存在そのものが疑われます。

もちろんそれだけじゃないですよ。かつては私たちも組合員のための労働組合という意識を持っていました。でも、今は労働組合に入りたくても入れない非正規雇用者が増えていますからね。彼らを抜きにして労働組合運動はあり得ない。全労働者のことを考えなければならないというのが今の視点ですね。雇用や生活不安定の人たちが増えるということは、社会として大きな損失なんですよ。

既存組合による中傷ビラは配付自由

私たちの組合に対して既存の労働組合は、中傷ビラを撒いています。ここにあるのは(次ページ)、2回目のビラです。太字で「新たに当該労組が私たちの仲間であるトヨタ労組の組合員(更に+1名)を巧みに勧誘し、当該労組に加入させた」と書いている。巧みになんてしてませんよ(笑)。

組合と会社が常に一体となって危機感を持って行動に移しています。また、このビラには「同じトヨタで働く期間従業員、派遣社員の皆さんも含めた勧誘活動を進めるなど、私たちの会社生活、地域生活を脅かす様々な活動を行なってくる事が考えられます」とある。

これは逆に評価してもらわなきゃ困る。正社員より苦しい立場に追い込まれている「期間従業員、派遣社員の皆さん」にこそ手を差し伸べなければならないのに、そして、自分たちが組織できない人を私たちが組織しているのに、誹《ひ》謗《ぼう》中傷してくるわけです。このようなビラを会社が出すと明白な不当労働行為になるから、既存の組合にやらせて

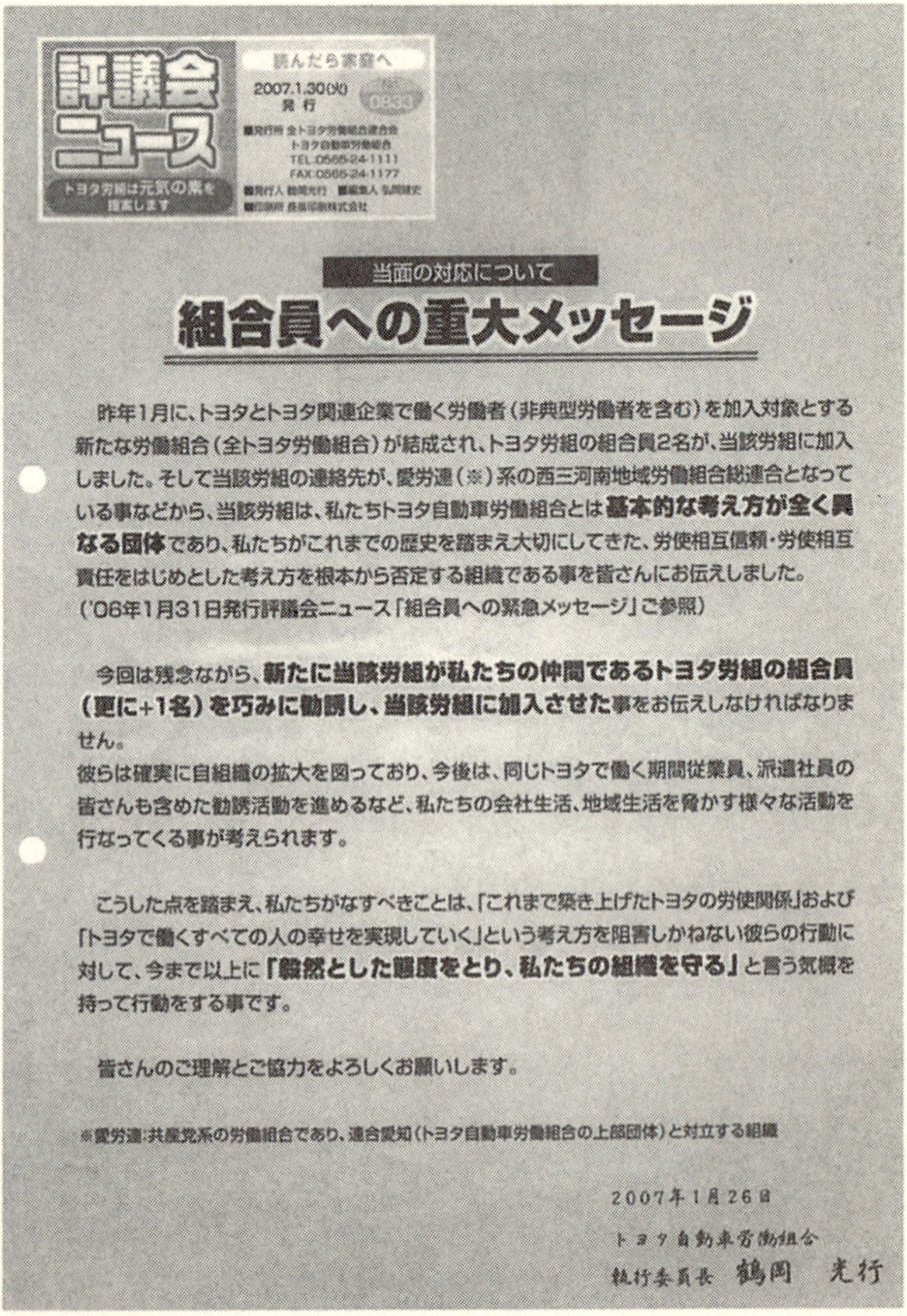

評議会ニュース

トヨタ労組は元気の素を提案します

読んだら家庭へ

2007.1.30(火)
発行

■発行所 全トヨタ労働組合連合会
トヨタ自動車労働組合
TEL:0565-24-1111
FAX:0565-24-1177

■発行人 鶴岡光行

当面の対応について

組合員への重大メッセージ

昨年1月に、トヨタとトヨタ関連企業で働く労働者（非典型労働者を含む）を加入対象とする新たな労働組合（全トヨタ労働組合）が結成され、トヨタ労組の組合員2名が、当該労組に加入しました。そして当該労組の連絡先が、愛労連（※）系の西三河南地域労働組合総連合となっている事などから、当該労組は、私たちトヨタ自動車労働組合とは**基本的な考え方が全く異なる団体**であり、私たちがこれまでの歴史を踏まえ大切にしてきた、労使相互信頼・労使相互責任をはじめとした考え方を根本から否定する組織である事を皆さんにお伝えしました。
（'06年1月31日発行評議会ニュース「組合員への緊急メッセージ」ご参照）

今回は残念ながら、**新たに当該労組が私たちの仲間であるトヨタ労組の組合員（更に+1名）を巧みに勧誘し、当該労組に加入させた**事をお伝えしなければなりません。
彼らは確実に自組織の拡大を図っており、今後は、同じトヨタで働く期間従業員、派遣社員の皆さんも含めた勧誘活動を進めるなど、私たちの会社生活、地域生活を脅かす様々な活動を行なってくる事が考えられます。

こうした点を踏まえ、私たちがなすべきことは、「これまで築き上げたトヨタの労使関係」および「トヨタで働くすべての人の幸せを実現していく」という考え方を阻害しかねない彼らの行動に対して、今まで以上に**「毅然とした態度をとり、私たちの組織を守る」**と言う気概を持って行動をする事です。

皆さんのご理解とご協力をよろしくお願いします。

※愛労連：共産党系の労働組合であり、連合愛知（トヨタ自動車労働組合の上部団体）と対立する組織

2007年1月26日
トヨタ自動車労働組合
執行委員長　鶴岡　光行

トヨタ自動車労働組合（御用組合）による中傷ビラ。全ト・ユニオン若月委員長は「会社がやると不当労働行為になるので、既存の組合にやらせているのだと思う」と指摘している

いるんだと思います。

それと同時に、既存の労働組合にも、非正規の人を組合員にしようという動きもあります。5〜6年前から非正規社員を組合員にしようという運動方針を出している。

日経連は一九九五年に「新時代の日本的経営」を発表し、労働者を三種に分類した。管理職と中核社員だけを長期雇用の正社員とし、それ以外は有期雇用契約、つまり短期の非正規社員とする考え方を打ち出しました。非正規労働が増加する今日の状況も、想定されていたわけです。その方針にトヨタ自動車労働組合も全面的に協力、あの価値観を共有化して進めてきたわけですよ。

そして4割近くも非正規社員をつくり出して雇用を流動化させ、そういう人たちに安い給料で働かせ、いつでも首を切れる状況をつくり出してきた。つまり労使一体となっていまの状況をつくり出しておきながら、ここにきて非正規社員を組合員化するということは、矛盾してくるわけでしょう。同時に、そうせざるを得ない状況になっていることも事実です。

毎年10月が既存組合の定期大会なのに、昨年は、わざわざ6月に臨時大会を開いてパートの社員も組合員にしました。そのときに期間労働者も検討したと思いますが、時期尚早ということでパート社員だけでも組合員にしようというわけです。それでユニオンジョップの協定を結んで100人くらい組合員にさせられました。

今回初めて春闘でパート社員の労働条件も取り入れるようになりました。私たちの新しい組合ができたことで相乗効果が現れているのです。

15歳から始まるトヨタのマインドコントロール

トヨタ自動車にはトヨタ工業学園高等部というものがあります。ここは中卒で入って3～4年学び、最終的にはトヨタ自動車に入社することになっている。ここの出身者は、人事面できわめて厚遇を受けています。

トヨタ自動車労働組合の歴代の執行委員長は、このトヨタ工業高等学園（トヨタ工業学園の前々称）出身者。それ以外の者を委員長にさせない。これを見ても、いかに会社が組合を懐柔・操縦しているかがわかります。

トヨタ工業学園は、1937年（昭和12）のトヨタ自動車工業株式会社（現トヨタ自動車株式会社）設立の翌年に開校した豊田工科青年学校が前身。トヨタ自動車で働くことを前提に中卒後3年間学ぶ高等部と3年間の履修課程を終えて即戦力養成のための1年間の専門部から成る。1部屋に5人（専門部は個室）の全寮制であり、ほぼ24時間集団生活である。ホームページによると、生活は次のとおり。

6：15　起床
6：30　朝礼・朝食
7：15　登校（会社バス）
8：30　学園での朝礼、身だしなみや体調をチェック
15：35　全員参加のクラブ活動
19：45　帰寮・夕食・入浴
21：00　門限
21：15　点呼・自習
23：00　消灯・就寝

これまでに「約15000人の卒業生を送り出し、現在、約8000名が社内の各部署でリーダーシップを発揮し、生産活動に従事している」という。「トヨタのモノづくりを支える原動力となっています」ともホームページには書かれている。

組合の執行委員長はじめ、工場の主要な部署にトヨタ工業学園高等部出身者が配置されているのです。これは、1950年（昭和25）に起きた労働争議を会社が教訓にして

いるということ。朝鮮戦争直前に会社の業績が落ち込んでしまった。車が売れなくなった状況もあるし、国の統制で乗用車は作るなという方針になりました。賃金の遅配・欠配が続いて労働者は生活苦に陥ったわけです。そのなかで労働組合が立ち上がって闘争が始まったのです。そうとう熾烈《しれつ》な闘いがあり、会社は首切りをしないと言いながら、やってしまった。

それがトヨタイズムの語り草になっており、新入社員の教育でもこの件を教える。「こういう苦い経験をしてきた。これを繰り返してはならない」と新入社員の頃から叩き込むのです。ここからマインドコントロールが始まります。

社内いじめと長時間労働でうつ病に

いまわれわれが重視している問題のひとつが、デンソー（トヨタ自動車から分離独立した自動車部品会社）北沢俊之さん（仮名）の裁判（第4章で後述）です。出向先のトヨタで「お前は役に立たん。デンソーへ帰れ」と上司に罵声を浴びせられて彼は傷つき、うつ病になってしまった。内野健一さんと違い、死に至る前に行動を起こしたきわめて重要な裁判なのです。

また、トヨタの関連会社にベトナム人や中国人などを研修生・実習生として招いてい

日本の真正労働組合「全トヨタ労働組合」の若月忠夫委員長とフィリピンの真正労働組合「フィリピントヨタ労働組合（TMPCWA）のエド・クベロ委員長

2006年10月6日

トヨタ自動車株式会社
代表取締役社長　渡辺　捷昭 殿

全トヨタ労働組
執行委員長　若月

全トヨタ労働組合印

フィリピントヨタ労組(TMPCWA)に対する不当労働行為についての
抗議と要請書

わが組合は、「世界のトヨタ」とまで言われる貴社の、以下のような恥ずべき行為を極めて残念に思い、怒りをもって抗議します。

貴社の子会社ともいうべきフィリピントヨタ社（TMPC）が、２０００年３月にフィリピントヨタ労組組合員２３３名を不当に解雇して以来こんにちまで、国連やＯＥＣＤの多国籍企業ガイドラインに違背し、ＩＬＯの勧告が出される中、ＩＭＦ（国際金属労連）とその加盟組合の多くから、まさしく世界から非難、抗議の声が上がっています。

それにもかかわらず、無視続ける貴社の態度は「グローバルスタンダード」を踏み外したものであり、到底許されないものです。

もはや躊躇すべきではありません。２００３年９月のフィリピン最高裁の判決に従いＴＭＰＣＷＡとの団体交渉をただちに実施すべきです。海外に進出したならば、その国の法律を守ることは企業の最低限の社会的責任です。これ以上事態がこじれることは、貴社にとって大きな痛手を負うことになり、貴社に在籍する組合員を擁するわが組合としても、看過できない問題と考えております。

尚、本年７月１７日にエド委員長はじめ「フィリピントヨタ労組を支援する会」及び、わが全トヨタ労働組合も同席しての、要請行動を貴社におこなったことはご存知の通りであります。

わが組合は、貴社が自ら制定した「トヨタ企業憲章」の精神に従い、ただちに、再三にわたる「支援する会」の申し入れに対して、誠実に対応されることをここに強く要請するものであります。

以上。

1

フィリピントヨタの大量解雇に反対するフィリピンの労働組合問題でも、全ト・ユニオンは抗議と要望書を出している

るのに、実態は研修ではなくて労働であり、しかも日本の最低賃金以下の賃金で働かせています。さらにフィリピントヨタで起きた大量解雇（第5章で後述）問題などに他労組と共同戦線で対応していきます。

これから組合員が増えていく可能性は十分にあると思います。トヨタグループで組合のない会社の人や、トヨタ自動車本体の従業員でも3割から4割近い人が非正規社員ですからね。そういう人たちの組織化は当然進んでいきますよ。

今後は私たちの組合に入れない人たちとも共有できるような組合サポーター制度をつくり、全国で10万人の会員にしようと思っています。まずは1万人を目指します。「労働組合運動は国づくり」の視点を持って社会的責任を果たさなければならないと思います。

トヨタが変われば日本が変わる。だから頑張るのです。

＊初出　MyNewsJapan　2007年4月5日

第3章　トヨタ車の性能は高いのか
――実は欠陥車率99・9%

メーカー別に公表されないワケ

トヨタの車は性能が良い、と思い込んでいる人が多いが、その根拠を説明できる人はあまりいない。性能が良いというのは、イメージに過ぎないからだ。巨額の広告宣伝費でマスコミによる批判が封じ込められ、トヨタにとって都合の良い情報ばかりがインプットされているのである。

確かに「プリウス」をはじめ、環境対応が進んでいるのは事実だろう。だが、環境よりも人命のほうが重要である。その、車の安全性について、トヨタが他社より優れているというデータは聞いたことがない。逆に、危険である証拠となるのが、リコール台数の多さだ。

リコール制度の目的は、「欠陥車による事故を未然に防止し、自動車ユーザー等を保護すること」（国土交通省WEBサイトより）。つまり、事故につながる欠陥車と判明したら広く告知し、ユーザーから車を回収し、メーカー側の費用で修理しなければならない。

これほどわかりやすい指標はないのだから、マスコミがメーカー別に集計して各社の比較記事でも書けばよいのであるが、これができない。自動車メーカーはいずれも莫大な広告宣伝費を投入し、新聞の全面広告などを打っているから、「もっとも欠陥車が多いメーカー」がどの会社になったとしても、困るのだ。

仮に公表されれば、欠陥車が多いメーカーは、頑張って欠陥を減らすだろう。「欠陥車メーカー」の烙印《らくいん》を押されたら、株主が黙っていないからだ。車を利用する消費者、公道を歩く生活者にとっては、きわめて望ましいことである。

ならば、国交省が公表すればよいと思うだろう。だが、これも後述のように、できない。官僚と業界の癒着は驚くべき深さで、メーカーに都合の悪い情報は、生活者にとっていくら有用な情報であっても、隠されてしまう。日本の戦後体制（政官業の癒着、生活者・消費者軽視）の特徴である。

内部管理資料はあるくせに

国交省のWEBサイトでは、リコール届出を1件ごとに公表している。しかし、件数が莫大な数に上るため、これを集計するのは、かなりの手間がかかる。メーカー別に集計したものがないのかを国交省リコール対策室に尋ねると、ないと言い張られた。

そこで、知人の国交省詰めの敏腕記者に協力を求めたら、やはり「内部管理資料」として集計したものを持っていることがわかった。それが、149ページの表である。これは間違いなく国交省が作成した資料である。

なぜ持っているくせに公表しないのか。国民よりメーカーのほうを見る行政は、癒着もはなはだしい。再度、リコール対策室に尋ねた。

——先日尋ねたメーカー別の経年データの件ですが、どうなりましたか。データはあるはずです。実際、手元に5年分はあるんですから。過去10年分の、リコール件数、リコール台数、不具合件数、事故件数を、メーカー別に、教えてください。全部裏では集計してるんでしょう？　なぜWEBに載せないんですか？

「少しお待ちください……。やはり、公表できるものは、ないということです」

——欠陥が多いメーカーはどこかを知りたいだけなんですが。わかれば、消費行動に役立ちますよね。そういう集計はしていないのですか？

「しておりません」

——個別のリコール届出には、「事故の有無」という欄に、「火災5件」とか「人身が2件」とか書いてありますね。たとえば年間で人身事故が多いメーカーはどこだとか、集

年度・メーカー別のリコール届出件数及び対象台数（国産車）

年度 / 製作者	13		14		15		16		17	
	件数	対象台数	件数	対象台数	件数	対象台数	件数	対象台数	件数	対象台数
トヨタ自動車	4	45,899	8	499,798	5	934,225	9	1,887,471	14	1,927,386
日産自動車	8	391,682	7	52,918	10	1,360,761	14	333,211	8	199,391
三菱自動車工業	9	600,072	18	908,329	13	558,871	48	603,832	5	553,312
三菱ふそうトラック・バス	—	—	—	—	12	279,006	78	2,265,534	57	657,760
マツダ	4	79,626	7	111,367	8	319,349	12	562,042	8	285,441
本田技研工業	14	801,461	9	956,214	8	451,027	17	511,516	9	205,242
いすゞ自動車	5	88,025	2	1,276	6	123,935	19	92,871	16	334,230
富士重工業	4	482,791	1	80,810	2	19,898	4	154,241	3	133,090
ダイハツ工業	1	34	2	40,769	2	25,223	3	6,333	5	39,876
スズキ	8	357,322	6	93,015	5	79,549	10	253,978	16	974,978
日野自動車工業	5	19,144	5	8,735	9	31,364	17	90,768	8	19,874
日産ディーゼル工業	8	2,314	7	4,426	6	8,192	7	35,978	6	12,058
ヤマハ発動機	4	54,224	5	19,128	4	31,716	8	210,373	2	43,837
川崎重工業	2	716	1	83	9	6,475	1	76	0	0

国土交通省の内部管理資料

計していないのですか？　集計しないと、対策もとれないと思うんですが。何のために報告させているかわからないんですよ。

「とにかく、メーカー別では、やっていないということです」

――私が直接担当者に聞くから、替わってください。あなたは窓口役でしょう。

「いえ、私が担当ということになっております。そういった資料は、ありませんので」

――じゃあ、私が持ってるのは何ですか？　なぜ公表できないの？　メーカー別に比べないと、消費者が、どのメーカーがどれだけ危険なのかを、知ることができないじゃないですか。

「公表できません。そういった資料はありません」

何度言っても、同じ。役人というのは、平気で嘘をつく。ない、ということで、シラを切りとおす。相変わらずの企業優先主義。生活者の命よりも、企業の利益を優先する行政。そして、誰も責任をとらない。それが役人の悲しいＤＮＡである。

こうした行政の隠匿体質が、国民をどれだけ殺してきたか。問題の初期段階で情報が開示されていれば防げた問題は、いくらでもある。松下電器の石油温風機、シンドラーのエレベーター、クボタのアスベスト、パロマのガス湯沸かし器……、すべて、企業側が発表するまで、行政サイドとしては、情報を公開しなかった。死人が続出するとしぶしぶ情報を出す、という繰り返しだ。

ダントツのリコール王、トヨタ

国交省が隠し持っていた資料をグラフ化したのが、次ページの表である。一目瞭然《りょうぜん》で、やはりトヨタがダントツの「リコール王」であることがわかった。2001〜2005年の5年間で529万台と、飛びぬけている。

「国交省は、発表による風評被害でトヨタから損害賠償請求裁判に持ち込まれることを恐れているやに思えます。耐震強度偽装問題のときも、なかなかヒューザーの実名を公表しませんでした」(国交省詰め記者)

結局、国民の安全よりもトヨタの利益を優先しているということだ。犯罪的である。国交省はメーカー別のリコール台数とその回収進捗《しんちょく》率を、適宜、国民に向けて公開すべきである。そうでなければ、飛びぬけた広告宣伝費によって、「トヨタ＝良い車」と

主要メーカーのリコール台数ランキング（過去5年の合計）

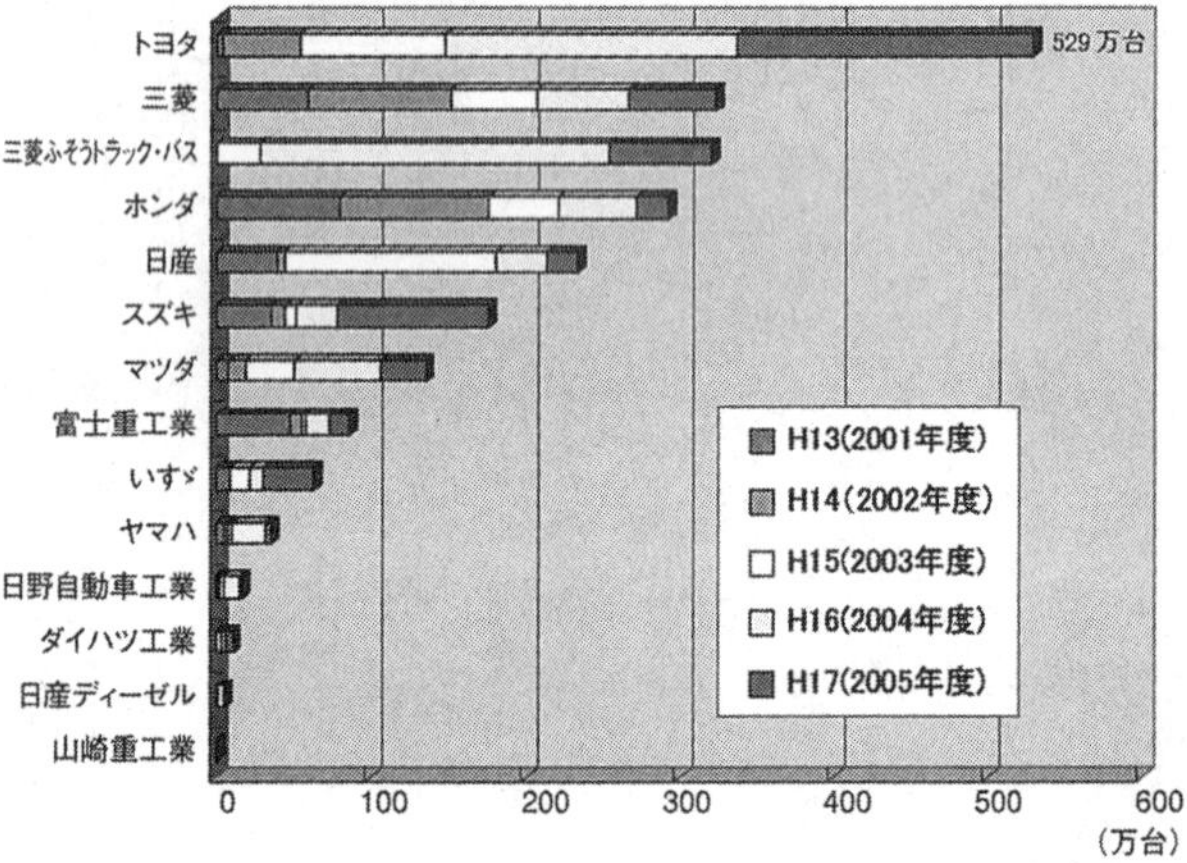

国土交通省の内部管理資料より

いう誤ったイメージばかりが刷り込まれていく。

「隠し得」の情報公開法

　こういう場合、情報公開法も無力だ。そのような資料はない、と嘘をつかれたら、「そのような資料がないから、対象外です」ということになってしまう。あることを証明するのは難しい。また、今回のように、実際には裏で持っていて嘘をついた場合に、罰則規定すらない。

　法的には、不服申し立てを行えるだけ（情報公開・個人情報保護審査会が審議）で、最終的にあることがわかっても、渋々、出せばよいだけで、省内では「よく戦った」ということで昇進が早まりこそすれ、ネガティブな評価にはならないだろう。とにかく、「隠し得」なのだ（結局、ないと言い張るだろうが）。「あるけれど、特別な便宜を図ることはできない」ならば、まだわかるが、「ない」と嘘をつくことに対し、なぜ罰を与えられないのか。つまり、情報公開法をそのようにつくった政治家もグルだ、ともいえる。

国民の税金でつくった資料を、平気で隠したあげく、死人が出るまで放置する。人が死んで深刻な事態がわかってくると、しぶしぶ公開するが、後の祭り。そして誰も責任をとらない。これがいつもの「生活者犠牲」の〝ニッポンモデル〟だ。事故を未然に防ぐ、という意識はゼロである。

欠陥車率100%超が常態化

そこでMyNewsJapanでは、国交省が公表している1件ごとのリコール情報の、2004～2006年の3年分すべて、計1285件を「エクセル」にひたすら入力し、リコールデータベースを作成、集計・分析することにした。気の遠くなるような作業であった。

リコールを届け出た社は、計129社もあることがわかった。

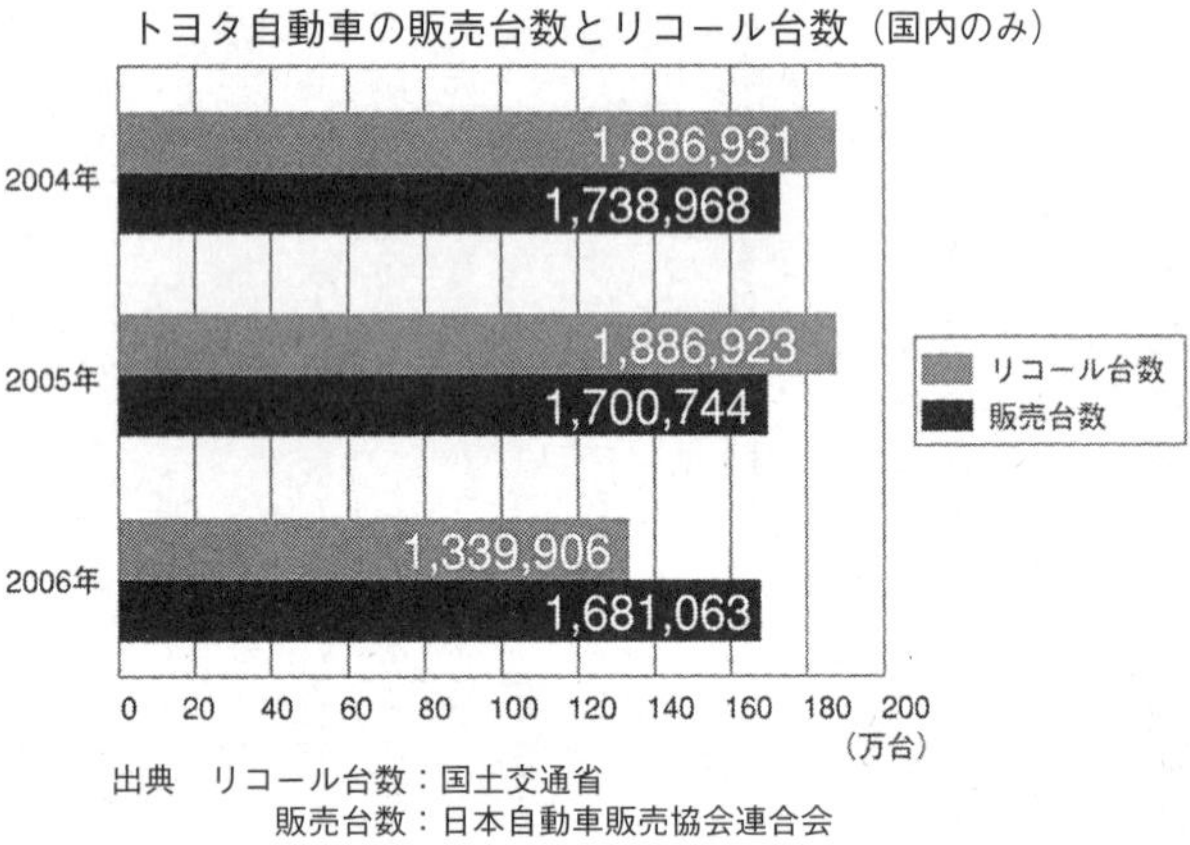

トヨタ自動車の販売台数とリコール台数（国内のみ）

出典　リコール台数：国土交通省
販売台数：日本自動車販売協会連合会

販売台数が多いほどリコール台数が増えやすいため、販売台数とも比較した。データは、国内メーカーについては、日本自動車販売協会連合会が発表しているものを利用。輸入車については、ＪＡＩＡ（日本自動車輸入組合）の「輸入車新車販売台数速報」を採用した。

果たして、トヨタはどうだったのかを示したのだが、上の図である。

２００４年は販売台数約１７３万台に対して、リコール台数約１８８万台。２００５年は販売台数約１７０万台に対し、リコール台数約１８８万台。つまり、２年連続で販売台数よりも、リコール台数のほうが多かったのだ。実に、欠陥車率１００％超である。

２００６年は、販売台数が約１６８万台と2年連続で減ったが、リコールも約１３３万台と大幅に減ったため、３年連続の欠陥車率１００％超はまぬがれた。

それでも、２００４〜２００６年の３年間トータルでは、約５１２万台を売って、約５１１万台リコールと、欠陥車率99・9％だった。どのマスコミも、この異常事態はまるでなかったことであるかのように、報じていない。

そもそも、国内の販売台数が、２００５年、２００６年と、2年連続で減少している事実も、読者にとっては意外かもしれない。「トヨタ＝好調」のニュースはバンバン流れるが、トヨタにとって都合の悪い情報は、徹底的に流れない仕組みになっていることがよくわかる。

もちろんリコールは過去に発売した車が、危険なことではあるが、5年も10年もタイムラグを置いてリコールとなることもあるため、単年度で１００％を超えることは十分起こる。だが、3年という十分な期間を比べて、ほぼ１００％（99・9％）というのはやはり異常である。

消費者を無料のテストドライバーがわりに

過去3年間のデータは、トヨタの品質軽視・儲け第一主義の姿勢を物語る。２００５

年10月には、主力車種である「ヴィッツ」や「カローラ」など、1件で対象車が127万台にものぼる過去最大のリコール（車のヘッドライトスイッチの不具合）を届け出るなど、過去にさかのぼったリコールを続発させ、消費者を混乱に陥れた。

リコールとは、「安全上」「公害防止上」の規定に適応しない恐れがあることが発覚した場合、メーカーが国土交通省に届け出て自動車を回収し、無料で修理しなければならない制度。要するに、リコールとなるのは人命にかかわる深刻な欠陥のケースのみで、ほかにも、それに至らない「改善対策」や「サービスキャンペーン」は、莫大な数がある（しかも台数は非公表だ）。

いずれの場合も、車を修理工場に持ち込むなど消費者に多大な迷惑をかけるが、それらの労務に対する一切の補償義務はなく、消費者は泣き寝入りを強いられる。

トヨタからすれば、ユーザーが販売店まで持ってきてくれるし、ガソリン代もユーザー持ち。修理期間中の代車も出す必要はないし、ユーザーが無駄にした時間の補償もしなくてよい。だから、とりあえず販売してしまって、あとから直せばいい。不都合なことはマスコミは書けないからOK……。つまり、消費者を無料のテストドライバーがわりに使っているのが実態なのだ。

1000台売ったら999台は人命を脅かす欠陥車だから修理が必要で、直してやるから売った車を持ってこい、もちろんその時間と労力は、無償で提供せよ――むちゃくちゃな会社である。

リコールを隠すメーカー、共犯の国土交通省

「リコール王・トヨタ」は、いつまで続くのか。１００％欠陥車の状態は、恒常的なことなのだろうか。

そのあたりの事情を知る立場にあるトヨタの社員が言う。

「リコールは、まず内部で発覚してから、交換のための部品を大量に用意して、それから一般に公表します。今でも、待っている件がいくつかあるんです。２００６年秋以降もリコールに伴う無償修理の予算は減っていません。90年代に作った車が一とおりリコールされるまで出続けるのではないでしょうか」

これは何を意味するのかというと、要するに、これまで長らく隠してきた、ということだ。

自動車業界全体のリコール件数は、２００４年がピーク。これは、三菱ふそうのリコール隠し問題などをきっかけとして、２００３年１月に、リコールを命令できる制度と

2004～2006年のリコールランキング

	メーカー名（国内）／ブランド名（国外）	過去3年間のリコール台数合計	過去3年間の販売台数合計	リコール比率	過去3年間の不具合件数	不具合発生率	事故件数
1	トヨタ	5,113,760	5,120,775	99.9%	1,842	0.04%	6
2	三菱ふそう	3,788,088	205,878	1840.0%	3,693	1.79%	283
3	ホンダ	2,002,201	1,345,268	148.8%	3,169	0.24%	3
4	スズキ	1,998,598	229,114	872.3%	508	0.22%	18
5	三菱	1,418,618	243,178	583.4%	594	0.24%	25
6	マツダ	1,120,932	684,037	163.9%	978	0.14%	7
7	日産	1,090,409	2,134,834	51.1%	650	0.03%	1
8	いすゞ	653,931	257,155	254.3%	1,286	0.50%	21
9	富士重工	432,677	312,459	138.5%	78	0.02%	5
10	日野	339,386	159,382	212.9%	414	0.26%	6
11	フォルクスワーゲン	280,141	163,214	171.6%	520	0.32%	0
12	メルセデスベンツ	222,058	140,249	158.3%	2,597	1.85%	9
13	日産ディーゼル	94,664	60,865	155.5%	335	0.55%	3
14	プジョー	79,991	33,353	239.8%	80	0.24%	0
15	ダイハツ	67,358	50,259	134.0%	45	0.09%	0
16	ビーエムダブリュー	47,307	172,537	27.4%	259	0.15%	0
17	ボルボ	39,914	39,022	102.3%	35	0.09%	1
18	ルノー	34,628	9,827	352.4%	428	4.36%	0
19	アウディ	19,912	44,253	45.0%	79	0.18%	0
20	クライスラー	15,216	15,791	96.4%	46	0.29%	0
21	ジャガー	6,340	10,688	59.3%	4	0.04%	0
22	フォード	4,027	18,149	22.2%	11	0.06%	2
23	アルファロメオ	3,824	14,308	26.7%	20	0.14%	5
24	ポルシェ	2,693	10,224	26.3%	1	0.01%	0

独自作成のリコールデータベースより集計

懲役刑が新設されたのが原因とみられている。

びびったメーカー側が、それまで隠していた〝ヤバイ案件〟を、慌てて届け出たのである。一気に吐き出したため、全体のリコール台数は、2003年、2004年（769万台）と過去最高を更新し、2005年（644万台）、2006年（527万台）と、減少に転じている。

この間、実際のリコール制度自体の基準は何も変わっていないのだから、明らかにメーカー側は隠していたことになる。だが、人命を脅かす欠陥を知りながらも隠してきた罪は、誰も問われていない。

監督責任を持つ国交省が、メーカー別のリコールの集計数字を持っているにもかかわらず出さない理由も、そこにある。国交省は、数字が出ることによってこの問題がクローズアップされ、自らがこの事態を放置してきた責任を問われることを恐れているのである。

実際、リコールの激増は、トヨタだけではない。作成したリコールデータベースをもとに、リコール台数順にランキングしたのが158ページの表だ。トヨタが絶対数で圧倒的に1位なのは変わらないが、販売台数に対するリコール台数比率では、三菱ふそうが1840%と他を圧倒するなど、ほかにも欠陥車率が高いメーカーは多い。トヨタが、リコール比率でみると、かなりましなほうの部類に入ってしまうほどだ。

トヨタ以外の車の件や、集計方法の詳細は、ニュースサイトのほうをご覧いただきたい。

クレーム情報の重要性

では、リコールに関する不具合情報（クレーム情報）の件数は、どのメーカーが多く、また、その発生率はどの程度なのか。不具合件数とは、ユーザー（消費者）から販売店やメーカーに寄せられたクレーム情報のことで、メーカーはリコールを届け出る際、その部位に関する「不具合件数」と「事故の有無」を同時に報告することになっている。

２０００年7月、三菱自動車でクレーム隠し事件が発覚し、河添克彦社長が辞任、後の逮捕につながった例からも明らかなように、クレーム情報は国民の生命にかかわる重要な情報だ。メーカーは正確に管理し、リコールの場合は国交省に正確な件数を届け出ない限り、刑事事件に問われかねない。

では、リコール絡みで、年間でどの程度の不具合報告が発生しているのか。主要メーカー各社に尋ねたが、やはり「国交省に1件ごとに報告しているから」ということで、公開しない。

せっかく車を買っても、クレームを言わなければならないのは、不本意だ。そこでリコールデータベースから抽出して集計・分析した。結果は１５８ページの表の「過去３年間の不具合件数」の列に入っている。

予想どおり、件数ベースでは、三菱ふそうが３６９３件でトップ。２０００～２００４年の一連のリコール隠しによる死亡事故発生と、元社長・前会長らの相次ぐ逮捕、そして外資系のダイムラークライスラーによる子会社化で、さすがに正直に申告したためとみられる。

トヨタは「クレーム隠し」奏功で件数4位

２位はホンダ（３１６９件）、３位はメルセデスとクライスラーを合わせたダイムラー・クライスラー（ＤＣ）が２６４３件、トヨタ自動車は4位（１８４２件）だった。三菱ふそうはＤＣの子会社なので、この2社で全体の33％も占めることになる。となると、そもそも他社が正直にクレームを記録し、申告しているのかが、きわめて怪しくなる。

もっとも怪しいのがトヨタだ。実際、人身事故まで起きた「ハイラックス」の件で、２００４年10月26日にリコールを届け出た際、国内で起きた部品の破損は２０００～２

004年の計11件だった、と国交省に報告していた。したがって、このデータベース上も、そうなっている。

しかし、トヨタが2006年7月20日に国交省に提出した報告書では、実は2004年10月までに、82件（国内46件＋国外36件）の不具合情報があったことを明らかにしたのだ。本件は新聞報道もされている（以下、朝日新聞2006年7月21日朝刊より）。

04年10月のリコールの際、品質保証部は販売会社などから届く「市場技術速報」を基に11件の不具合があると同省に説明した。同社の速報の保存期限は5年なので、96年以前に寄せられた5件の市場技術速報はこれらに含まれていない。

このほか、サービス部門には保証期間内の修理情報が13件、お客さま相談センターには00年以降の利用者からの情報が15件あった。国外のものを含めた不具合情報は82件にのぼっていた。

これらの情報でリコールの検討材料になったのは一部だけで、国交省は情報共有の取り組みに改善点があるとみている。

つまりトヨタは、この件のリコールに関してだけでも、71件も隠していたことになる。情報共有の取り組みに問題があることが明確になった以上、他の数字も間違いなく嘘とみてよい。つまり、実はクレーム件数でもトヨタはトップである可能性が高い。このトヨタの嘘を受け、普段はトヨタ側につく国交省でさえ翌21日、情報の共有や保管期間の延長などについての業務改善指示を出した。

この件は、「トヨタハイラックス4WD」、「トヨタハイラックスサーフワゴン」、「トヨタハイラックスサーフ」の3車種で、対象は33万496台にものぼる。かじ取り装置のリレーロッド強度が不足しているため、ハンドルの据え切り操作等を頻繁に続けると亀裂が生じ、亀裂が進行すると、最悪の場合、リレーロッドが折損し操舵ができなくなるおそれがあるというものだった。

そもそも、販売台数やリコール件数と比べて、トヨタの不具合件数は、あり得ないほどに不釣合いに少ない。リコール台数も販売台数もダントツ1位であるにもかかわらず、販売台数に対する不具合件数比率は0・04％と、ほとんどゼロに近いことになっている。まさにクレーム隠しがなせる業だ。

人身事故比率が高いトヨタ

リコールに絡んだ「事故件数」も同じ表中に入れているので参照されたい。予想どおり三菱ふそうが283件で1位。三菱ふそうの悪質きわまりない事実は、さんざんマスコミに報じられたとおりだ。10分の1以下になって、25件の三菱、21件のいすゞ、18件のスズキと続く。

スズキは18件すべてが火災。いすゞも21件のうち、火災と物損で約9割を占める。だがトヨタの事故は、全体で6件（火災2、自損1、物損1、人身2）と少ないが、そのうち人身事故が2件と、人身比率が高いのが特徴だ。

このうちの1件は、前述したクレーム隠しが発覚したリコールに絡むもので、2004年8月12日、熊本市の男性公務員（当時21歳）が93年式の「ハイラックス」を運転中、リレーロッドが折れて操縦できなくなり、対向車線の男性会社員（同32歳）の車と衝突。男性会社員と家族4人が、全治2～50日の重軽傷を負ったもの。

トヨタは、この事故の2カ月余り後、2004年10月26日になって、1988～1996年に製造された同車約33万台についてリコールを届け出たが、後の祭りだった。熊本県警は2006年7月11日、業務上過失傷害の容疑で、トヨタのお客様品質部長ら3人を書類送検した。なお、どのような圧力が働いたかは不明だが、本件は2007年7月、不起訴処分となっている。

人身事故のもう1件のほうは、2005年5月16日に届け出られたもので、「ランドクルーザープラド」、「ハイラックスサーフ」の2万3823台。前輪緩衝装置のロアアームとナックルアームを連結しているボールジョイント内部の組付け工程が不適切なため、ボールジョイントの摩耗が早期に進行してガタが増大し、最悪の場合、ボールジョイントがナックルアームから外《はず》れ、走行不能に至るおそれがある、というもの。クレームは6件だけになっているが、人身事故が1件発生しているところをみると、こちらも過小申告である可能性が疑われる。

欠陥車が普通に走っている

以上見てきたように、ダントツでリコール台数が多いトヨタ。リコール車というのは人命を脅かすからこそ回収して修理しなければいけないことになっている。では、どれだけ迅速に、修理をしているのか。リコール台数が多ければ多いほど社会に与える影響は大きいため、その責任は重大であり、トヨタはもっとも重い責任を負っているといえる。

実は、私自身、リコール対象車に、かつて3年半ほど乗っていた。まさに、重傷事故を発生させ2004年にリコールとなったトヨタの「ハイラックスサーフ」である。33万台強のうちの1台だった。そこで、オーナーの1人として、お客様相談センターに尋ねた。

お客様相談センターのヨネザワさんが対応した。

――今、その危険な車の回収は、どのくらい進んでいるんですか？

「現在、新聞報道などを見た方々からお問い合わせをいただいておりまして、順次、回収をして修理しているところです」

――だから、最新のデータでは、何％まで修理が終わったんですか？　松下だって、石油温風機の回収率がいまだに6割未満だということをちゃんと公表したうえで、100％を目指すといって、あれだけCMを打っていますよね？　重傷事故を引き起こしているんだから、同じように現状の回収率を発表して、注意を呼びかけるべきじゃないですか？

「一般的にはおよそ8〜9割だとのことですが、個別には、公開していません」

――私自身が乗っていた車について、個別に知りたいんです。「ハイラックス」は33万台もリコールしたわけですが、今現在、修理されないまま公道を走っているのは何台ですか？　知りたいのは当然ですよね？　いつ操縦不能になって歩道に突っ込んでくるかもわからないんですよ？　危険ですよね？

「回収率は、公開していないんです」

埒《らち》が明かないので、国交省の担当部署であるリコール対策室に尋ねる。だが、やはり欠陥車の回収率を、どうしても開示しないと言い張る。対応したのは、キウチという人である。

――開示しない理由は何ですか?

「理由は、メーカーから回収率をもらっているのは、メーカーを指導するためのものだからです」

――33万台のうちの半分しか修理してなかったら、16万台が危険な状態で公道を走っているわけですよね? 回収が99%なら、それほど注意する必要はないですが。情報を公開することで、注意を喚起できますよね? なぜWEB上で公開しないのですか?

「それは、公表すべきものではないからです」

旧社会党のごとく、ダメなものはダメ。お役所仕事の典型だ。国民の立場など考えない。こういう情報隠匿体質は、隠された犯罪が続々と出ている社会保険庁と同じである。

情報公開請求

33万台のうちの1台を所有していた者として、運転中に操縦不能となったかもしれないことを考えると、再発防止のためにも問題を放置するわけにはいかない。いったい、この欠陥車は、今現在、どのくらい公道を走っているのか。

定期的に改修実施率が公開されれば、消費者の安全にとって有用な情報となるし、メーカーにもプレッシャーがかかって修理が進むはずだ。

そこでしかたなく、情報公開請求をすることにした。WEB上から請求でき、料金もpay-easyでオンライン振り込みできるようになったのは大幅な前進だが、その情報開示請求のシステムがとてつもなく難解で、絶対に担当者に質問しなければ手続きを完了できない。

たとえばいちいち申請書に「表紙」を付ける仕組みで、その表紙は専用ソフトをインストールして、別ソフトで作成するのだ。その表紙と、別途作成したワード文書（行政文書開示請求書）に、同じように住所、名前、連絡先などを書かされる。その二重作業を、申請時、開示決定時、さらに開示方法決定時の計3回もやらせる。なんで6回も同じ住所を書かねばならないのか。国民をバカにしている。

こうした、民間ではあり得ないユーザーアンフレンドリーなやりとりは、なんとマニュアルが存在しないので、IT担当者にいちいち尋ねないと進まない。担当者はいつも電話口に出るほど暇な様子で、これは本来不要な人件費なので、ここでも税金が浪費されていることを実感し、嫌になる。

請求したのは、左記文書だ。

1　請求する行政文書の名称等

（請求する行政文書が特定できるよう、行政文書の名称、請求する文書の内容等をできるだけ具体的に記載してください）。

2007年6月末時点の「リコール実施状況報告書」（＝最新のリコール回収率がわかるもの全て）。ただし、以下の国内10社と海外5社に限る。トヨタ、日産、ホンダ、三菱、三菱ふそうトラックバス、スズキ、マツダ、いすゞ、日野、富士重工、フォルクスワーゲン、ダイムラークライスラー、プジョー、BMW、GM

対象メーカーは、国内10社に、海外勢主要5社を加えた15社とした。

情報公開法では、開示決定までは30日以内というのが規定となっている。これは長すぎるので、国会議員の「質問趣意書」と同様、1週間以内とすべきである。

文書は3カ月に1度、各メーカーが国交省に改善措置の進捗状況を報告しているため、存在していることは確認済みだ。

果たして、PDFで文書が提出された。さっそく、すべてをエクセルにデータ入力する。

重傷事故モデル、改善未実施のまま16万台超を放置

最初に驚いたのは、自分が所有していた車のことだ。「33万台のうちの半分しか修理してなかったら」という事前の予測は的中し、リコール台数33万496台に対して、改善措置実施台数が16万7485台で、実施率は50・7%に過ぎなかったのだ。道理で、8〜9割などと、一般論で逃げて開示を渋るわけである。

残り16万3011台は、いつ操縦不能になって対向車線や歩道に突っ込んでくるかわからない欠陥車だ。とてつもない数である。トヨタの「ハイラックス」系の車両を見たら、要注意だ。

リコール対象車でも、明確に人身事故を引き起こしていると確認された例は、少数派。トヨタの自己申告では3年で2件しかない。しかし、そのような人命に直結する欠陥車を、リコール届出後、約3年を経てもなお、5割しか改善実施せず、情報も秘匿《ひとく》し続け

届出番号及び 届出年月日	車名	通称名	ﾘｺｰﾙ対象車の台数	改善措置実施台数	実施率	備考
1225 平成16年 9月14日	トヨタ	ﾌｧﾝｶｰｺﾞ bB ｾﾘｶ MR-S	176,372	161,909 (7,951) 前回（ 3 月） 160,006 (9,643)	91.8% 90.7%	平成19年 3月末日 90%到達
1280 平成16年 10月26日	トヨタ	ﾗｲﾄｴｰｽ ﾀｳﾝｴｰｽ	9,141	8,847 (267) 前回（ 3 月） 8,816 (294)	96.8 96.4	平成17年 9月末日 90%到達
1281 平成16年 10月26日	トヨタ	ﾄﾖﾀﾊｲﾗｯｸｽ4WD ﾄﾖﾀﾊｲﾗｯｸｽｻｰﾌﾜｺﾞﾝ ﾄﾖﾀﾊｲﾗｯｸｽｻｰﾌ	330,496	167,485 (19,117) 前回（ 3 月） 160,858 (21,271)	50.7 48.7	
1269 平成16年 11月 4日	トヨタ	ﾄﾖﾀﾊｲｴｰｽﾜｺﾞﾝ ﾄﾖﾀﾊｲｴｰｽﾜｺﾞﾝ4WD ﾄﾖﾀﾊｲｴｰｽﾊﾞﾝ ﾄﾖﾀﾊｲｴｰｽﾊﾞﾝ4WD ﾄﾖﾀﾚｼﾞｱｽｴｰｽﾊﾞﾝ ﾄﾖﾀﾚｼﾞｱｽｴｰｽﾊﾞﾝ4WD ﾄﾖﾀﾊｲｴｰｽｺﾐｭｰﾀｰ ﾄﾖﾀﾊｲｴｰｽｺﾐｭｰﾀｰ4WD ﾄﾖﾀ救急車 ﾄﾖﾀ救急車4WD	653,715	298,449 (108,957) 前回（ 3 月） 284,287 (116,073)	45.7 43.5	予見性
1304 平成16年 11月18日	トヨタ	ｳｨｯｼｭ ｼｴﾝﾀ ﾌﾟﾘｳｽ ｳﾞｨｯﾂ ｶﾛｰﾗﾌｨｰﾙﾀﾞｰ ﾗｳﾑ ｴｽﾃｨﾏL ｴｽﾃｨﾏT ｴｽﾃｨﾏﾊｲﾌﾞﾘｯﾄﾞ ﾊﾘｱｰ ｱﾙﾌｧｰﾄﾞﾊｲﾌﾞﾘｯﾄﾞ ｰ	544,172	524,462 (4,081) 前回（ 3 月） 523,541 (4,925)	96.4 96.2	平成17年 3月末日 90%到達
1313 平成16年 12月 7日	トヨタ	ｲﾌﾟｻﾑ ﾉｱ ｳﾞｫｸｼｰ	168,049	163,147 (3,052) 前回（ 3 月） 162,412 (3,731)	97.1 96.6	平成17年 6月末日 90%到達

情報公開で開示された文書の一部。10/26の「届出番号1281」が問題の人身事故車。2007年6月時点で、改善措置実施率50.7%。前回2007年3月からも、わずか2%しか進んでいない。

ているところに、トヨタの人命軽視の姿勢が見てとれる。

トヨタだけで100万台超が欠陥車のまま出回る

では、トヨタ内での他のリコール車はどうかというと、台数ベースでは、584万3162台がリコール対象で、うち82・8％にあたる484万0427台が改善措置実施済み。100万2735台が改善未実施の危険車と、台数は多いものの、トヨタ全体の実施率は思ったほど低くはなかった。

それだけに、もっとも深刻な人身事故を引き起こしたケースで改善措置率が低いのだから、家宅捜索・送検された警察に対する反抗的な態度も感じられる。もちろん国民を危険にさらしている罪は重い。

生活者の視点でもっとも重要なことは、公道を走る欠陥車が減ることだ。リコールを届け出たら、販売店と緊密な連携をとってユーザーに報告し、速やかに改善措置を講じ、欠陥車を出回らせないメーカーが優れている。つまり、欠陥車の絶対数が少ないほどよいメーカーである。

15社で比べると、欠陥車出回りランキングのワースト1は、約122万台の三菱ふそうで、2位が日産の約116万台。3位が100万台強のトヨタであった。この3メー

届出者の名前	リコール対象車の台数	改善措置実施台数	実施率	順位	未実施車	順位
三菱ふそうトラック・バス	4,189,826	2,962,910	70.7%	5	1,226,918	1
日産	4,663,741	3,496,287	75.0%	7	1,167,454	2
トヨタ	5,843,162	4,840,427	82.8%	10	1,002,735	3
三菱自動車	3,544,046	2,621,648	74.0%	6	922,398	4
スズキ	2,454,253	1,677,747	68.4%	3	776,506	5
マツダ	1,748,847	1,348,053	77.1%	4	400,794	6
ホンダ	4,670,362	4,287,110	91.8%	15	383,252	7
いすゞ	840,678	556,214	66.2%	1	284,464	8
富士重工	2,444,153	2,165,221	88.6%	13	278,932	9
日野	398,831	307,532	77.1%	8	91,299	10
ゼネラルモーターズ	253,972	172,349	67.9%	2	81,623	11
ビー・エム・ダブリュー	273,536	220,414	80.6%	9	53,122	12
ダイムラー・クライスラー	372,327	327,695	88.0%	12	44,632	13
フォルクスワーゲン	248,809	228,052	91.7%	14	20,757	14
プジョー	93,393	79,278	84.9%	11	14,115	15
合計／リコール対象車の台数	32,039,938	25,290,937	78.9%		6,749,001	

全15社のデータ一覧。リコール対象台数、改善措置実施台数、実施率、未実施車台数。いすゞ、GM、スズキの改善実施率が低く、コンプライアンス上問題

リコール改善措置「未実施」台数ランキング（2007年6月末実施）

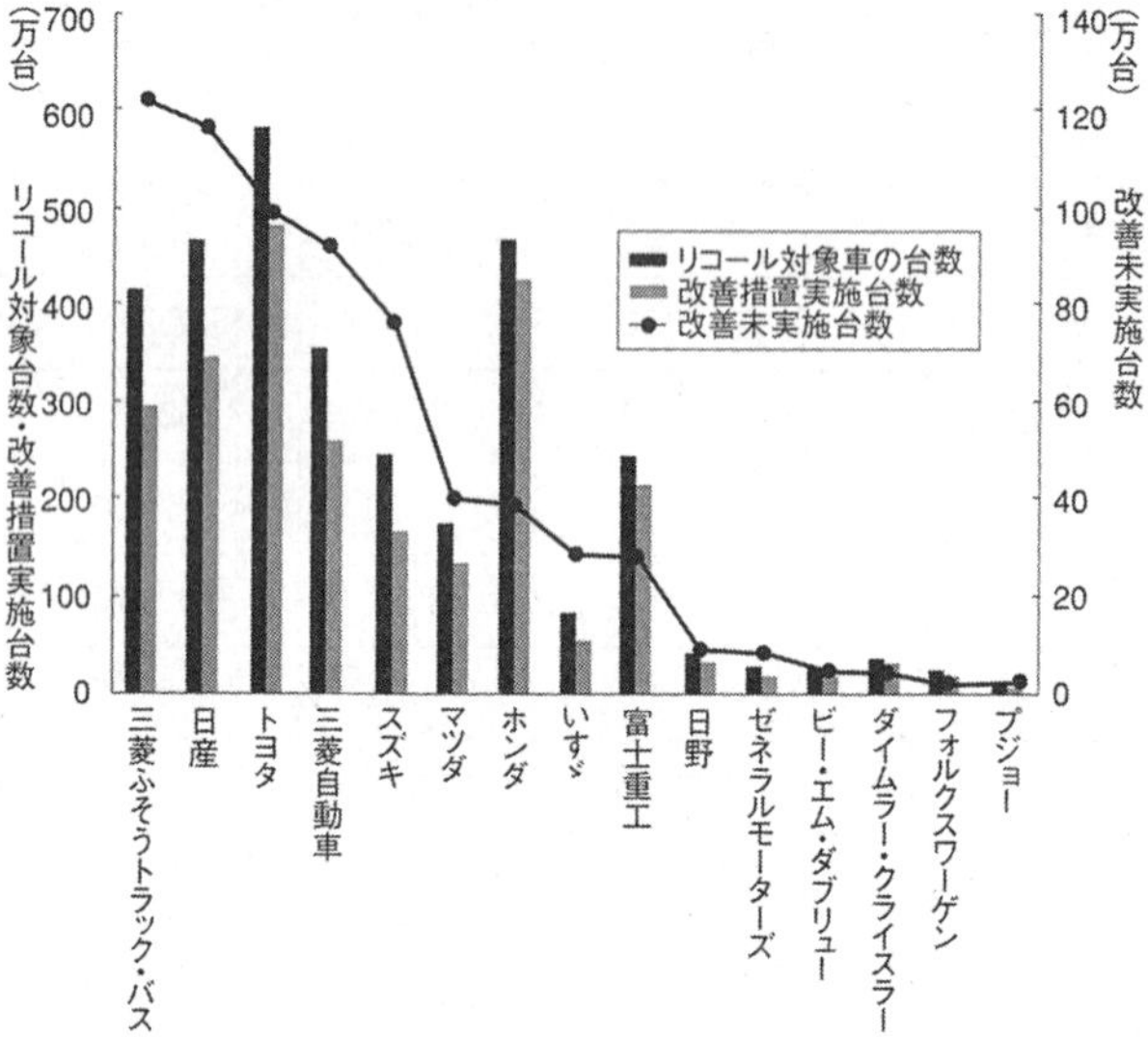

リコール改善措置未実施台数ランキング。ホンダの健闘が光る。リコール台数王・トヨタは、ワースト3位

カーは人命に対する意識が低いので、敬遠したほうがよい。

改善実施率のワーストランキングでみると、いすゞ、GM、スズキが60%台にとどまり、「3大ダメメーカー」だった。リコールを届け出ても、そのうち3分の1は改善措置を講じないまま、放置されている、ということだ。

逆に、累積リコール台数の規模がトヨタ（584万台）に次ぐ2位と多いホンダ（467万台）は、改善実施率が91・8%と高いのが特徴。市場に出回っている欠陥車数は38万台と、トヨタの3分の1強にとどまっている。この差は大きい。

このようなデータは、3カ月ごとに国交省に提出されているのだから、国民の立場から判断すれば、そのままWEBに載せるべきであることは疑いの余地がない。改善率が低いメーカーは、株主のプレッシャーも感じて一所懸命回収を頑張るだろう。

それをせず、メーカー側に都合の良いように情報を隠す国交省の罪は重い。「メーカーを指導するためのデータだから」などという理由で非公開にするのは、時代錯誤もはなはだしいといえる。まさに「護送船団」の発想である。

メーカー側も、自主的に公開すればCSR（社会的責任）の点から評価が高まる。3カ月ごとに自社のWEBページで公開し、生活者の安全に寄与する姿勢をみせるべきである。

第４章 下請け社員を苦しめていないか

──「自動車絶望工場」のトヨタ下請け

愛知県は、言うまでもなくトヨタの天下である。トヨタ関連企業の組合が加盟する労働組合「全トヨタ労働組合連合会」には、約27万人の労働者が結集する。これは、あくまでも労働組合に加入している人数であり、組合などない下請け関連企業、期間工などを含めれば、膨大な人びとがトヨタの車を作るために働き、その多くは愛知県周辺に集中している。

第2章で述べたとおり、トヨタ本体の正社員である内野健一さんは、月144時間にも及ぶ過酷な残業により、30歳の若さで過労死してしまった。正社員も苦しい労働を強いられるが、より悪条件下にあるのは、下請けである。低価格で仕事を求められ、そのため従業員の給料は安くなる。そうしたことから関連会社で偽装請負も発覚している。「ジャスト・イン・システム」という、必要なときに、必要なだけ、必要なものをライン脇に納入する方式のため、精神的に余裕はない。

また、トヨタ本社の正社員が偉くて下請け社員は命令に従うという風潮もあり、パワーハラスメントも起きている。

ベトナム人実習生トイレ1分当たり15円の罰金

下請けイジメがもっともはっきり表れているのは、外国人労働者である。とくに深刻な問題として注目されているのが、外国人研修生に対する人権侵害事件である。ことは重大だが、大マスコミの反応は鈍い。

トヨタの下請けで自動車のシートなどを作る企業（有）ティエムシーで働くベトナム人女性実習生6人が2003年から翌年にかけて来日し、トヨタ車のヘッドレストやアームレスト縫製の仕事をしていた。

同社ではいったい何が行われていたのか。「TMC（ティエムシー）のベトナム人実習生6人の裁判闘争を支える会」の呼びかけ文によると、その内実は次のとおりだ。

研修生の残業は本来なら禁止されているのに残業が常態化していた。会社は研修生からパスポートと預金通帳を取り上げ、さらに作業中のトイレ時間を計測し、1分当たり15円を罰金として給料から一方的に差し引いていた。おまけに携帯電話の所持を禁止しておいて、会社の電話を利用すると1回につき1万円を罰金として徴収。就業後の掃除を忘れると1回につき2000円の罰金をとられる……。

これだけではない。研修生らが会社に抗議すると、同社会長の息子は彼女たちを自動車で追いまわし、1人が転んでケガをする事態をも引き起こしているという。かつてルポライターの鎌田慧《さとし》氏がトヨタに季節工（期間工）として潜入し『自動車絶望工場』（講談社文庫）を著したが、このケースは、まるで明治時代の製糸工場で働く女工ではないか。

さすがに2007年3月27日、「人権侵害の慰謝料と不足賃金の合計（約6900万円）の支払いを求める」として彼女らは名古屋地裁に提訴した。

言ってみれば、この事件は、あからさまで〝古典的な〟労働者いじめだ。その一方では、一見すると外からわかりにくいかたちで関連企業から出向した社員を追い詰めるケースもある。それが次にあげるデンソー社員へのパワーハラスメントだ。

過酷勤務とパワハラでうつ病になったデンソー社員

「死んでからでは取り返しがつかない」

「使いものにならない人は、うちにはいらないよ」

出向先のトヨタ自動車の上司から仲間のいる前で公然となじられたうえ、厚生労働省が定めた過労死認定の基準を上回る月100時間超の残業も強いられたデンソー（トヨタグループ）社員・北沢俊之さん（41歳＝仮名）。肉体的・精神的に追い詰められ、うつ病も発症したが、会社側はなんの配慮もしなかった。ついに駐車場から会社のオフィスまで歩くこともできなくなり、休職。過労死、過労自殺する社員もいるなか「死んでからでは取り返しがつかない」とデンソーとトヨタを訴え、闘っている。トヨタ内の「いじめ」について、北沢さんが語った。

朝6時起床で出勤、帰宅は深夜0時すぎ

私は1985年に株式会社デンソーに入社しました。デンソーは、トヨタグループの1社で、自動車の電機・電子部品などの製造販売をする会社です。私は技術系の正社員として、ディーゼル関係の部署に所属していました。

残業もあったし嫌なこともありました。それは仕事だから、当然です。デンソーでは、月に100時間の残業をすることもありましたし、トラブル発生時には非常に忙しく、大変な時期が1カ月続くことなどもありました。

でも、そのトラブルが解決できれば月に40～50時間の通常の残業状態に戻れていたので、精神的に参るようなことはありませんでした。忙しい時期には月曜日の朝に会社に行くの嫌だな、ぐらいなことは思ったこともありましたけど。

しかし、1カ月頑張れば通常の業務にもどれるから、先が読めたのです。

ところが私の出向先となったトヨタでは、朝8時30分から仕事に就き、夜10時までの残業が当たり前だったのです。1日ごとに完璧なものを求められ、先が見えない長時間残業状態が恒常的となっていたのです。その日その日にすべてをやり遂げなければ、翌日に待ち受けている自分自身の仕事もできず、周囲のスタッフに迷惑がかかる。間違い

愛知県刈谷市のデンソー本社前に立つ北沢俊之さん（仮名）。「裁判という行動を起こしたことで病気も回復し、本来の自分の人生をとりもどせた。この裁判は他の社員のためにもなると思う」と語っている

が許されない、糊しろのないシステムがきっちりとしており、精神的にも肉体的にも追い詰められました。

仕事はだんだんきつくなってきて、朝6時に起きて出勤し、深夜12時を過ぎて帰宅。通勤中、自動車のなかでうとうととしてしまい、駐車場からオフィスまで歩けないほどになってしまったのです。

トヨタ&デンソー「パワーハラスメント裁判」とは

北沢さんがトヨタとデンソーを相手に起こしたパワーハラスメント裁判までの経緯は、以下のとおりである。

1992年　トヨタのグループ企業、デンソーに勤務していた北沢俊之さんは初めてトヨタに出向した。このときは特に問題がなかった。

1999年夏　トヨタへ2度目の出向。コモンレール式電子制御ディーゼルエンジンという新しい分野の設計を担当。それまでとはまったく違う内容のため北沢さんは何もわからず、上司にたびたび叱責され、誰の助けもないまま、連日の長時間労働を強いられた。そして、うつ病を発症した。

訴　状

2006年5月11日

名古屋地方裁判所　御中

原告訴訟代理人
弁護士　岩　井　羊　一
同　田　巻　紘　子
同　梅　村　浩　司

〒4[redacted]
愛知県[redacted]
原　告　[redacted]

〒456−0031
名古屋市熱田区神宮2丁目6番16号　南陽ビル
名古屋南部法律事務所（送達場所）
電　話　052−682−3211
FAX　052−681−5471
原告訴訟代理人
（主任）　弁護士　岩　井　羊　一
弁護士　田　巻　紘　子

〒471−0025
愛知県豊田市西町6丁目56番地　コーポ松井ビル2階
豊田法律事務所
電　話　0565−33−8455
FAX　0565−34−3610
原告訴訟代理人
弁護士　梅　村　浩　司

〒471−8571
愛知県豊田市トヨタ町1番地
被　告　トヨタ自動車株式会社
上記被告代表者代表取締役
渡　辺　捷　昭

〒448−8661
愛知県刈谷市昭和町一丁目1番地
被　告　株式会社デンソー
上記被告代表者代表取締役
深　谷　紘　一

損害賠償請求事件
訴訟物の価額　金1883万3693円
貼用印紙額　金　7万7000円

請求の趣旨

1　被告らは、原告に対し、連帯して金1883万3693円及びこれに対する本訴状送達の日の翌日から支払済みまで年5分の割合による金員を支払え。
2　訴訟費用は被告らの負担とする。
との判決並びに仮執行の宣言を求める。

2006年5月、トヨタ自動車株式会社、株式会社デンソーに対して起こした損害賠償請求事件（請求額は約1883万円）の訴状

2000年8月〜同年10月　休職。
2000年11月　デンソーに復職。
2002年5月　トヨタとの共同開発プロジェクト業務などに携わり、再びうつ病を発症。
2002年8月〜2003年2月　再び休職した。
2003年3月　デンソーに復職し、現在にいたる。
　業務が原因で病気になり2度休業した。そのため査定を低くされ、休業補償もなされなかった。
2006年5月　(1)休業損害金、(2)逸失利益(休職期間中、成果がなかったとして最低の査定をされたことで支払われなかった分)、(3)慰謝料など、あわせて約1883万円の支払いをデンソー、トヨタの2社に求める裁判を起こした。

説明ゼロで出向命令

問題になったトヨタへの2回目の出向を命じられたのは、1999年8月6日のことでした。「これを読んでおけ」と資料を渡されただけで、まったく内容の説明はなく、翌日からお盆休みだったので仕事の引き継ぎもありませんでした。「トヨタに行って、コモンレールのことを勉強してこい」という主旨のことを言われました。

ところが、実際に行ってみると、トヨタはコモンレールに詳しい専門技術者を要求していると知ったのです。これには参りました。突然、何百という膨大なデータを見せられても、何をどう見ればいいのかわからなかったのです。それまで私が担当していたものとまったく違うものでしたから……。同じディーゼルエンジンといっても、ぜんぜん違うのです。私は技術屋さん、トヨタに求められたのは、いってみればソフト屋さんの仕事。コンピュータで燃料噴射の技術を変えろという仕事内容です。次元が違うのです。

私の部署でソフトをやっている人は「そんなことわからないの？」という態度でした。計測器というものもあるのですが、それ自体私は触ったこともありませんでした。わからないまま、出向の初日から残業で、悪戦苦闘しながら夜の9時まで仕事をしていたことを覚えています。

余裕がまったくないトヨタシステム

トヨタでは、その日単位で仕事を進めなければなりません。その日のうちに試験をして、データ整理などをして翌日に反映させなければならない。その日のうちにすべてを終わらせなければ、翌日は仕事ができないんです。

同じグループ内に2、3人の社員がいました。私は車両、別の担当者はエンジンと分担している。それらをすべてつき合わせて当日内に終わらせる。自分だけ遅れると、翌日の仕事につなげられないシステムだったのです。

つまり、失敗やトラブルがまったくないことを想定してきっちり組み立てられたシステム。自分だけなら、今日できなくても明日やって、1週間後に全部完成させるという計画が立てられますが……。全体としては、いちおうは1週間単位で仕事が組まれているのですが、事実上はその日その日を90％とかじゃなくて100％こなさないとならないのです。

チーム内のAさん、Bさん、Cさん……と各人が1週間メニューを立てるんですよ。その予定表を見ると全体が見えるのですが、逆にこれがプレッシャーになるわけです。全体の進行をトヨタの社員が決め、われわれ出向者に指示します。頑張ってもできないと「なんでできないの？」と言われてしまう。結局、長時間残業しても全部やらなければなりません。

トヨタの課長はデンソーの役員と対等

私のトヨタの上司はAさんという主査。次長にあたります。トヨタの課長は、デンソーの部長に直接、意見を言える。トヨタの部長は、デンソーの重役に意見を言える。両社は、そういう関係です。ですから、私のようなデンソーの平社員からみたら、直属の上司が〝役員〟だったようなもの。それだけでも、重圧でした。

Ａさんは、トヨタでディーゼルエンジンの開発を長年やってこられた方ですから、知識・経験が豊富にありますし、優秀で仕事はできる人だと思います。たぶん、自分のレベルや目線で部下に指示を出していたのでしょう。それが私のように、ほとんど知識がない人間に対しても「できて当たり前」という感じ。もう少し、配慮があれば……。与えられた仕事をしっかりとやり遂げ、技術者として向上しよう、自己実現しようという気持ちが私の根底にあります。それに、上司を信頼し、上司にほめてもらいたい気持ちもあります。一生懸命やっていて、できないところだけ集中攻撃されると、モチベーションがどうしても下がってしまいます。

でも、トヨタの社員は優秀といえば優秀なんですよね。私の所属するデンソーは、トヨタ以外の会社とも取引しているので、トヨタ以外の自動車会社の方と技術的なお話をしたことがありますが、トヨタは潜在的に優秀な社員が多く、考えていることはすごい。優秀で、ずっとレールに乗ってきた人たちなんでしょう。

ほかのメーカーの人では気づかないことさえトヨタ社員は確認し、細かなことまで調べて指示します。石橋を叩いても渡らないような慎重さもあります。どこをどう改善しなきゃいけないか、彼らはすぐに気づく。でも、それをトヨタの社員が自分たちでやるならわかるんですよ。指示を受けて実行するわれわれとすれば、まず優先すべきことがたくさんあるわけで、それを実行するならもっと人を投入するか先に延ばしてもらいたい。そういうことを采配できるマネージャーがいればいいのですが。

金曜の終了時刻に無理難題を押し付ける

あるとき会議があり、私とは別のデンソー社員が不具合について報告したことがあります。それは金曜日の午後4時か5時くらい、定時に近い時刻のことでした。Aさんは、追加データを要求しました。金曜日でもうすぐ終業時刻だというのに。

そのデンソー担当者は、「その追加報告は水曜日くらいでいいですか?」と言いました。するとAさんは「なに言ってるんですか。土日があるでしょ。月曜日報告しなさい」と言い放ったのです。

金曜日の定時にですよ。土日だって休んだり、家庭のこともある。何も月曜日に報告しなくてもいいはずです。でも、「そんな無茶を言うな」と言う人は誰もいません。逆らったら大変ですからね。

こういうとき、私たちのデンソーの上司も社員をかばうことなしに、トヨタの社員の

年	月	総労働時間	時間外労働時間	PM10時以降
1999年	8月	173.5	45.5	4.0
	9月	263.0	87.0	0.0
	10月	228.0	84.0	9.0
	11月	242.6	87.0	8.5
	12月	208.5	72.5	5.0
2000年	1月	214.0	78.0	7.5
	2月	258.5	98.5	19.5
	3月	280.0	96.0	19.0
	4月	223.0	79.0	17.5
	5月	150.5	54.5	9.0
	6月	253.3	89.0	20.0
	7月	244.8	88.5	19.0
	8月	181.5	61.0	12.0

年	月	総労働時間	時間外労働時間	PM10時以降
2000年	11月	215.0	47.0	3.5
	12月	227.0	71.5	5.2
2001年	1月	186.0	50.0	4.1
	2月	237.2	82.0	2.5
	3月	276.5	100.5	7.5
	4月	232.5	80.5	8.5
	5月	221.5	77.5	11.2
	6月	198.0	46.0	1.1
	7月	234.0	66.0	1.5
	8月	185.5	41.5	1.2
	9月	213.0	61.0	1.1
	10月	232.5	56.5	0.0
	11月	222.0	54.0	0.0
	12月	179.5	43.5	0.0
2002年	1月	212.5	69.0	3.3
	2月	220.5	60.5	0.0
	3月	206.0	54.0	0.0
	4月	196.0	44.0	0.0
	5月	211.0	59.0	0.0
	6月	237.5	78.0	0.0
	7月	236.4	56.0	0.1
	8月	109.0	5.0	0.0

北沢さんの残業状況。上は、最初のうつ病を発症した時期。下は2回目のうつ病を発症した時期

言うことを全部そのまま聞き入れます。トヨタ社員が上で、デンソーの上司は下。イエスマンです。非常に弱い立場です。トヨタの社員に命令されるとそのまま聞きますが、デンソーの上司がやるわけでなく、その部下であるわれわれが実際の命令された仕事をするのです。パニックになりますよ。

トヨタは1円も支払わずに残業させる

私たち出向者はデンソーの社員なのですから、デンソーの上司だって残業管理とか業務管理などをやらなければなりません。ところが、私たち出向中のデンソー社員は、トヨタの上司によってトヨタ社員とまったく同じように労務管理されるわけです。そして業務上の細かな内容までトヨタの上司に指導・命令されます。

つまりトヨタは、人件費は一切支払わずに他社の社員の一切の管理をするのです。いくら残業させてもトヨタが残業代を支払うわけではないので、まったく自分たちの懐《ふところ》は痛まない。

本来は、トヨタとデンソーが共同開発するのですから、トヨタが発注して、それを受けたデンソーが開発、その図面をトヨタに戻して、そこで承認されて製品を作る——。このようなシステムなのに、その承認も私がやらされる。承認作業というのは、細かな図面を全部チェックしなければなりませんから時間が非常にかかります。それをトヨタの社員はやらないのです。

デンソー社内にいるときでも、毎日のように、トヨタ社員が電話で指示。「今日中にデータ結果出して」とか。デンソー本社に1万人弱くらいの社員がいるのですが、最近は毎年、体調不良その他で数百人が休職しています。私のようなケースが公になったことで、健康相談を受ける敷居が低くなったこともあるでしょう。その結果が毎年数百人にのぼる休職者の出現ではないでしょうか。

デンソーにとってトヨタは最大の得意先だ。このように、取引上、優越的な地位にある者が、取引先に対して不当な要求をする行為は、「優越的地位の濫用《らんよう》」であるとして、独占禁止法に抵触する可能性がある。

「使いものにならない人は、うちにはいらないから」と罵声

1999年8月に出向して翌月には、ヨーロッパ向けの乗用車に搭載されるディーゼルエンジンの高圧サプライポンプ、インジェクタ設計を担当しました。私が担当しているサプライポンプで不具合が何度も発生して大変になってしまい、製品知識がないのに

Aさんから毎日早急な対策を迫られました。

ほかに助けてくれる人は誰もおらず、どんどん心理的に追い込まれてしまいました。それでも、できる限り調査し試験を実施して原因をつきとめようとしたのですが、サプライポンプの性能不良・不具合は拡大していく一方だったのです。Aさんの物言いもだんだんきつくなりました。

忘れもしない1999年11月15日のことです。「サプライポンプ不具合進捗フォロー会議」というものが開かれました。そこにはトヨタ、デンソー両社の社員6人くらいが出席しました。この会議で、トヨタのAさんが「北沢さん、もうデンソーに帰っていいよ。使いものにならない人はうちにはいらないから」と言ったんです。

もともとはデンソー側のポンプ単体評価の遅れでトヨタ側での実車の評価が遅れていたのですが、私1人が悪いみたいな感じで、デンソーの上司や同僚も私をかばうこともなく私1人の責任にしたようなものです。出向者はトヨタの社員でデンソーの社員だと思っていないのではないでしょうか。

私としては、最大限の努力をしていたつもりです。Aさんの言葉にショックを受け、それまでに経験したことのないようなみじめな気持ちになりました。私という人間の人格、人生、生き方までもが否定されたような思いです。しかも、皆のいる前で……。もう、嫌だ、会社を辞めよう、と思いました。

会議が終わって家に帰るとき、車を運転しながら悔しさと悲しさで涙が止まりませんでした。翌朝は起き上がれず、2日間会社を休んでしまいました。

それから数日たって、デンソーの上司に「もう、ここではやっていけません。デンソーに帰りたい」と言いました。実際にデンソーの上司に会い、当時困っていることをすべて話しました。すると上司も理解を示し、「すぐには帰任させられない。代わりの人が見つかるまで最大3カ月（2000年2月まで）待ってほしい」と回答してくれました。

納得はできませんでしたが、あと3カ月で解放される……という目標ができたともいえるかもしれません。

それからも長時間労働の厳しい業務が続きました。その頃、サプライポンプの不具合に加えて、乗用車のインジェクタの噴射量が一定の距離を走行すると経年変化が起こり、耐久性に疑問が出てきました。その耐久試験を私は任されたのです。

しかしどうしても私1人ではできず精神的重圧が高まっていきました。そこでトヨタの別の上司Bさんに「いまの状態では、私1人で対応できません。なんとかしてください」と訴えたのです。すると「なぜできないの？」と逆に問いかけられてしまい、みじめな気持ちで返答できませんでした。

「黙っていたら、わからんじゃないか」「北沢さんのキャパシティがないということか。他のグループの人は、それくらいの業務を抱えているよ。人が今いないから、やれるだけやって」と言われてしまいました。

睡眠時間がとれない

その後も仕事はどんどんきつくなっていきました。朝6時過ぎには起きなければなりません。始業時刻は8時30分なのですが、試験場・実験室の担当者と打ち合わせがあるので、それより早く現場に出なければならないのです。

トヨタまでは車で70分くらいなので、眠気とだるさに襲われ、車中でハッとすることもありました。緊張したなかで、昼間は実験室か試験場。とくに耐久試験は24時間連続させなければなりません。全体で数カ月もかかる試験ですから、不具合が生じても1時間も試験を止めたくないのです。生産ラインをストップさせないのと同様に、試験を1時間でも止めるのをトヨタは嫌がります。だからちょっとでも不具合が起きると、全力で改善しなければなりません。

昼食は、部屋で弁当を食べ、デスクにうつぶせになって転寝《うたたね》します。夜は食堂が営業していませんから、残業時は売店でパンやお菓子を買っておいて、それをかじります。

1分でも早く帰宅しないと身体がもたないので休憩時間も働いていました。それでも帰宅時間が遅くなり、午前0時をすぎ日付が変わってしまうようになっていきました。

北沢さんが自宅に滞在できたのは7〜8時間という時期が続いた。この時間内に、食事・排泄・風呂・着替え・その他もろもろの生活に必要なことを行わなければならなかった。

「総務庁の生活基本調査と（財）日本放送協会の国民生活時間調査による「一日の生活時間」によると、食事等の時間5・3時間、余暇の時間2・3時間が本来生活のために必要な時間である。食事時間から通勤の約2時間を差し引いても原告に必要な生活時間は5・6時間であり、仮に平均的な生活を行おうとすると、原告の睡眠時間は2時間20分程度しか確保できない状態であった」（訴状より）

破られた約束とうつ病発症

デンソーに戻してくれるという上司との話し合いを信じて踏ん張っていました。その期限が過ぎた2000年4月、別のデンソー上司がトヨタまでやってきたのでこの件を話しました。

すると、「そういう話は全然聞いてない。（出向延長は）もう決まったこと。部長にも了承を得ている。仕事内容も変わるので面白いと思うよ。北沢君には期待しているから」と言うではありませんか。「出向延長はいつまでですか？」とたずねると、「当面は1年間（01年3月末）」

「納得できない」と私が言うと、上司は「どれくらいなら合意できるのか？」と逆に問われました。もちろん私は約束どおりにいますぐにでもデンソーに帰してほしいと思いましたが、「12月まで」と答えるのが精一杯でした。

そのときまで、デンソーに帰してもらえるのを心の拠《よ》り所になんとか頑張っていたのですが、その支えが一気に崩れてしまいました。疲れと不安と精神的疲労、睡眠不足、そして毎日微熱が続き、ときどき血痰《けったん》が出るようになってしまいました。

病院で診てもらったところ、「仕事が忙しいようですが、できるだけ負荷を減らしてもらい無理しないでください」と医者から指示を出されました。

デンソーの上司にはこのことを告げ、なんとか業務を減らすよう配慮してほしいと頼みました。しかし、トヨタには伝わっていなかったようです。同じ部署で働くトヨタ社員からも身体を気遣う言葉はまったくなく、業務上の配慮も一切ありませんでした。

同じ頃精神科で「うつ状態」であると診断されたのです。そしてうつ病の投薬治療を続けましたが、厳しい業務は少しも変わらず、出勤して会社の駐車場に車でたどり着い

人事部からの2000年度の人事考課調査結果概要

成果

前半:① Eng耐久試験・・・ポンプ以外は定形的業務だった。

②設変図面承認業務・・・車両仕様、調整業務、適合、仕様決めまでやってほしかったがやれてない。

③ DPNR・・・プロト車両、部品手配、車両を仕立てた、ラフチューニング実施その後病気になり
これから本格的な適合に入る所がやれていない。

後半:①噴射系試作・・・単なる連絡係に近い業務であった。

②Eng耐久品調査・・・ 〃 〃

③不具合調査・・・噴射量増原因調査、上位資格者の指示でやっていたにすぎない。

能力

企画立案:KIミーティングにおいて、積極的な意見が見られなかった。

組織運営:デンソーの後輩への指導が出来てなかった。

情報活用:トヨタで仕事、トヨタの情報報告がなかった。

知識活用力:トヨタの技術活用や向上がみられなかった。

労働時間

決して短くはない。月平均60Hr。 病気との因果関係は不明。

人事部からの2000年度の人事考課調査結果概要。なぜ査定を最低にされたのかを文書で示してもらいたいと北沢さんは考えたが、文書では回答をもらえなかった。しかたなく口頭による説明を北沢さんが記録した

ても、もうオフィスまで歩けない状態にまでなってしまったのです。もうダメだ……。休職届けを出しました。

こうして北沢さんは2000年8月末から2カ月間休職。その後デンソーに復帰して仕事も再開した。しかし2002年、ふたたびトヨタ自動車との共同プロジェクトを任されてトヨタ自動車とたびたび折衝《せっしょう》するようになる。また同じような過酷な労働が始まり、再びうつ病を発症して2002年8月末から6カ月間休職。2003年3月にデンソーに復帰した。

ついに行動を起こした

既存の労働組合に相談しても、まったく相手にしてもらえず門前払いでした。なんのために組合費を払っているのでしょうか。

そんな頃に全トヨタ労働組合（全ト・ユニオン）を知り、組合員になり、デンソーとトヨタ自動車を訴えることにしました。

病気も回復し、いまは負荷の軽い業務をしています。朝8時40分からちょっと残業しても6時くらいで終わりますが、その時間内に与えられた仕事をきちんと全うし、技術者として能力を高めるために全力で仕事しています。

家に帰ってご飯を食べられるので、生活も充実してきました。睡眠時間もきちんととれますしね。

私自身が変わっただけではありません。裁判を起こしたことで会社も変わり始めました。最近はトヨタ本体も定時がすぎると「いま、何時です」というように放送するようになったし、月45時間以内に残業を抑えているようです。

また、裁判の第1回口頭弁論の日にあわせてデンソーは通達を出しました。メンタル面で休職した人に対して、短時間勤務（リハビリ出勤）を認めるなどの復職支援プログララムを新たに導入したのです。

今度の裁判は、ほかの社員のためにもなるのだと思うし、リスクを冒して裁判を起こしたことで、本来の自分の人生をとりもどせた気がしています。

＊初出　MyNewsJapan　2007年6月29日

【文庫版への追記】　2008年10月30日、名古屋地方裁判所は、トヨタとデンソーが北沢さんに過重労働を課してうつ病を発症させたことを認め、両社に約150万円の賠償金の支払いを命じた。被告2社は控訴を断念し、翌11月に判決が確定した。本書が文庫化されることを聞き、北沢俊之さんは次のようなコメントを寄せた。

判決後も会社や上司からは未だに謝罪等は一切ありません。

私は「利より義」を求めました。トヨタ系の会社は、利を追求するあまり、過労死や自殺、うつ病などはもちろん、現在のリコール問題までも招いたのではないでしょうか。

しかし、これらは経営者だけの責任ではなく、既存の御用組合、目先の損得勘定のためか、陰で愚痴はいうけれど面と向かっては何も言わない、アクションを起こさない我々社員にも責任があります。だから、今こそ組織風土や職場環境をチェンジ、変革する人が必要だと思います。

どんな人でも、少し意識を変えてちょっとした勇気を持てば、変革できる人になれることを裁判を通じて私は確信しました。個人的には、裁判の経緯を書いたこの本を通じて、今の景気悪化で人生の目標や生き方を見失っている人達へ何かメッセージを伝えられるのではないか、と思います。

トヨタ系列「光洋シーリングテクノ」の偽装請負

下請けに単価切り下げで利益吸い上げる構造

パワハラでうつ病になってしまった北沢俊之さんや、過労死した内野健一さん（第2章）は、ともに長時間残業と精神的に追い詰められた正社員の悲劇である。では、下請けなど関連企業で働く非正規社員はどうなのか。

下請企業や、そこで働く非正規社員から利益を収奪する構造のひとつに偽装請負がある。トヨタ本社では、今のところ偽装請負は発覚していないが、系列の自動車部品メーカー、光洋シーリングテクノでは、2004年から偽装請負をめぐる闘いが始まっていた。そこで働く請負労働者は2004年9月に労組を結成し、解雇通告などをはね返しながら、2006年9月には59人が直接雇用（6カ月契約の契約社員）を獲得。

当初から偽装請負を見抜き、組合結成の先頭に立ってきた矢部浩史さん（42歳）に、下請けの偽装請負を生むトヨタグループの利益吸い上げ構造を聞いた。

光洋シーリングテクノは、徳島県徳島市に隣接する藍住町《あいずみちょう》にあり、トヨタの子会社であるジェイテクト（2006年1月に豊田工機と光洋精工が合併）の100％子会社として、変速機の油圧を調整するピストンシールを主力製品としている。その製品がアイシン精機のトランスミッションに使われ、ほぼすべてのトヨタ車で採用されている。

40度の室内で作業

矢部浩史さんは地元徳島の出身で、光洋シーリングテクノで働くことを条件に請負会社のダイテック（後にコラボレートと社名変更）の面接を受けて2000年の夏に入社し、今年で勤続7年になる。

仕事は二交代制で、A班、B班に分かれ、午前7時～午後2時51分までの早出と、午後2時39分～午後10時30分までの遅出があります。遅出には3時間～5時間の残業があり、終わるのが午前4時前になる人もいます。休憩時間以外はずっと立ちっぱなしの作業です。シフトは1週間交代で、土日または日曜が休みとなります。

入社以来ずっと、オートマチックトランスミッション用ボンデッドピストンシール（次ページ写真）という、トランスミッションの中で変速ギアを油圧で自動的に動かすための部品を作っています。「エスティマ」、「カローラ」など、トヨタのほとんどのオ

オートマチックトランスミッション用ボンデッドピストンシール

偽装請負を告発し、2004年9月に労組を結成した矢部浩史さん。その後、他企業の非正規社員とともに「偽装請負を内部告発する非正規ネット」を立ち上げ、厚労省とも直接交渉

ートマチック車に使われている製品です。

金属環を90センチ四方の金型に10個前後セットしてプレス機で接合すると、高熱と圧力で製品ができます。プレス機の温度は約180度くらいあり、職場の室温は今日測ったら38度。これが真夏になると40度を超えます。打っているときはバリやゴミを掃除するためにプレス機の上と下の間に頭を突っ込むので、実際はもっと高温にさらされています。うちの係長も1度熱中症で倒れました。

プレス機を1回押さえるのが1プレスといい、1工程は7分前後です。ゴムが漏れていたりバリが出ていたら、ハサミやT字カミソリの刃で削ります。日によって条件が変わるので、それにあわせて機械の微調整をしなければいけません。ゴムを入れるのにコツがいるし、製品は検査、現品票を入れて梱包《こんぽう》まですべて自分1人で行います。1人が1台の機械を受け持ち、40種類以上あるなかからその日により違う型番を扱い、1人で全部仕上げなければいけません。マニュアルどおりにボタンを押すだけの仕事では良い製品はできません。

正社員でも1時間に7回プレス程度ですが、僕は最高で9回打ち、機械の微調整やトラブル時の修理も任されていました。この仕事で僕の右に出るものはいません。でも、いくら一生懸命働いても、正社員と違って、時給は1円も上がらない。年収は同世代の正社員の3分の1です。

■労働契約書兼雇入れ通知書

内容記載の上 営業所押印→本人署名押印→入社(更新)　【本人用】

書類・採用区分	雇用期間	2005年10月21日 から 2006年1月20日迄	入社日 2000年8月24日入社	採用内定日 2000年8月23日
	採用区分	☐社員(A)　☐社員(B)　☑契約社員　☐出稼ぎ　☐パート　☐アルバイト	契約更新回数	通算 19 回目
	書類区分	☐新入社　☑契約更新　☐再入社　☐採用区分変更　☐転籍／移管　☐給与変更　☐氏名変更　☐住所変更　☐振込口座変更 ☐(　)　☐(　)　☐(　)　☐(　)　☐(　)　☐(　)		
	変形労働時間制※	☑採用　☐非採用　※但し変形労働時間制は協定締結後適正運用する		

事業所データ	事業所名	光洋シーリングテクノ 株式会社 徳島工場 内(株)コラボレート事業所	就労データ	勤務形態	勤務時間	休日
	事業所住所	徳島県板野郡藍住町笠木字西野39-3		(A)	7時00分 ～ 14時51分休憩 45分	☐完全週休2日制
				(B)	14時39分 ～ 22時30分休憩 45分	☐週休2日制
				(　)	時　分 ～　時　分休憩　分	☑事業所カレンダー
	仕事内容	車輌用部品の製造		(　)	時　分 ～　時　分休憩　分	☐(　)
				(　)	時　分 ～　時　分休憩　分	時間外休日労働：時間外・休日労働に関する協定届により業務都合上命ずることがある

賃金データ	☑基本給(時給)	時給	1,130 円/H	計算単位	役職手当(月額)	0 円
		遅早退控除	1,130 円/H	1 分	技術手当(月額)	0 円
	☐基本給(日給)	日給	円/日		資格手当(月額)	0 円
		遅早退控除	円/H	分	送迎手当(日額)	0 円
	☐基本給(日給月給)	月額	円/月		送迎手当(月額上限)	0 円
		欠勤控除	0 円/日	日	皆勤手当(月額)	5,000 円
		遅早退控除	円/H	分	給与締切日	毎月 20 日締切
	深夜手当	1時間当り	291 円/H	30 分	給与支払日	翌月 5 日支払
	所定超残業	1時間当り	1,130 円/H	30 分		
	法定超残業	1時間当り	1,421 円/H	30 分	(但し、1日目　8 H 超過勤務以降を残業として取り扱う)	
	所定休日出勤	1時間当り	1,421 円/H	30		
	法定休日出勤	1時間当り	1,537 円/H	30		
	通勤手当	日額	228 円/日	通勤手段	☐徒歩　☐自転車　☐送迎車　☐電車　☑自動車※　☐バス	
		月額上限	5,000 円/月		※事前に所定の書類を届け出・承認が必要	
	昇給※1 ☐有 ☑無	慰労金※1 ☐有 ☑無	賞与※1 ☐有 ☑無	功労金※1 ☐有 ☑無		

詳細については賃金規則参照

銀行口座振込で支払（銀行休日は前日）

※ 法令及び「振り込み・賃金控除に関する協定書」に基づく
※ 変形労働時間制適用の事業所は、残業・休日勤務等の給与支払いについて事業所就業規則を参照のこと
※1 支給基準等については別途規定を参照のこと

本人データ	社員コード	00417828	電話番号	【自宅】[redacted] 【携帯】[redacted]
	フリガナ	ヤベ ヒロフミ	メールアドレス	【携帯】
	氏名	矢部 浩史	緊急連絡先	【氏名】　【続柄】
	生年月日	1965年4月2日		【電話番号】
	住所	住民票住所 [redacted] 現住所 [redacted]		
	給与振込先	銀行コード / 支店コード / 銀行名 / 支店名 / 口座番号 [redacted]		

控除データ	貸与品	① 作業着(上)　(2,250 円) ② 作業着(下)　(1,500 円) ③ 安全靴　(　円) ④ ロッカーキー　(　円) ⑤ 帽子　(　円)	⑥ 安全帽　(　円) ⑦ ゴーグル　(　円) ⑧ 手袋　(　円) ⑨ ベスト　(　円) ⑩ クリーンスーツ　(　円)	⑪ 入館証　(　円) ⑫　(　円) ⑬　(　円) ⑭　(　円) ⑮　(　円)
		使用中の管理は、従業員が責任をもって行うと共に、退職時には必ず返却するものとする。万一紛失又は、返却出来ない場合は、左記の金額を損害金として給与引きにて徴収する。 ※ 返還時2着目以降は原則として従業員の負担とする。その他寮等についての遵守事項は、「寮規定」に基づく。		
	控除金額	寮名 ＿＿ 寮 ＿＿ 号室 入寮日 ＿＿年＿＿月＿＿日 月額寮費 ＿＿円 共益費 ＿＿円　駐車場代 ＿＿円 送迎代 ＿＿円　(　) ＿＿円	※その他貸与備品月額 (　) ＿＿円　(　) ＿＿円 (　) ＿＿円　(　) ＿＿円 鍵は退寮時に返却するものとする。万一即時返却出来ない場合は、損害金として実費相当分を給与引きにて徴収する。	

2005年 10月 20日 上記内容で労働契約として、雇入通知する。
裏面記載事項を確認の上、上記内容を承諾します。　従業員　矢部 浩史　(印)

事業所責任者　林 英樹　(印)

雇用主　株式会社コラボレート　徳島 営業所
営業所長　原田 恵輔　(印)

偽装請負を自覚し闘う労組に加入

いろいろ調べるうちに、龍谷大学の脇田滋先生のホームページを読んで、僕らの働き方は偽装請負で、労働者派遣法違反だというのがわかってきました。

偽装請負　本来の請負は仕事を請け負った業者がその責任で仕上げ納品するが、実態は派遣なのに請負という形をとって働かせる脱法行為が偽装請負だ。労働者派遣法により、派遣労働者は2007年2月末までは1年、それ以降は3年を超えて勤務した場合、派遣先企業はその派遣労働者を直接雇用する責任を負う。その責任を免れながら長期間働かせることを狙いとして、キヤノン、松下などの大企業が偽装請負を行い、不当な利益をあげてきた。

職場の労組（連合系）や労働局にも相談しましたが、どこも力になってくれません。そこで、闘う労働組合が地元にないかとホームページを探して、2004年の9月に全日本金属情報機器労働組合（略称JMIU）に連絡しました。

その2日後には、請負会社ダイテックとマイオールに所属する労働者が集まり、それぞれがJMIU徳島地域支部にダイテック分会とマイオール分会として加入し、ダイテックとマイオールに対して給与の改善などを要求しました。

偽装でなければ儲からないと請負会社が撤退

２００５年３月には、矢部さんたちはダイテックとの団体交渉で、入社３年以上の労働者は時給を30円、２年以上は20円、１年以上は10円のアップを勝ち取った。そして、12月９日には、労組員30名が厚生労働大臣並びに徳島労働局長に対し、光洋シーリングテクノへの直接雇用の要求を含めた「雇入及び雇用契約申込」の指導、助言及び勧告を求める申し立てをした。

これに対し、コラボレート（前のダイテック）は12月28日に、２００６年１月末で矢部さんたちとの雇用契約を終了すると通知。解雇通告自体は後日撤回されたが、12月29日には、コラボレート自体が光洋シーリングテクノからの撤退を通知してきた。ＪＭＩＵ徳島地方本部の森口英昭委員長によれば、約１年後にコラボレートの法務対策担当と電話で話したところ、「偽装請負だから儲かるけど、ほんまに自分のところで全部責任持ってやる業務請負だったら、今の賃金は払えん。だからもう、うちは派遣やったらするけど、業務請負やったらできまへん」と言ったという。交渉の末、矢部さんたちはコラボレートから地元の請負会社であるスタッフクリエイトに移籍した。

「『雇入及び雇用契約申込』指導、助言及び勧告」申告書

２００５年１２月９日

厚生労働大臣
川　崎　二　郎　殿
徳島労働局長
脇　山　覚　殿

申告者ら３１名代理人
弁護士　林　伸　豪
弁護士　川真田正憲
弁護士　小　倉　正　人
弁護士　鷲見賢一郎
弁護士　笹　山　尚　人
弁護士　村　田　浩　治

当事者の表示　　別紙当事者目録記載のとおり

記

労働者派遣事業の適正な運営の確保及び派遣労働者の就業条件の整備等に関する法律に基づき、以下のとおり、「『雇入及び雇用契約申込』指導、助言、勧告」を申告する。

1

第１　申告の趣旨

被申告者光洋シーリングテクノ株式会社に対して、労働者派遣事業の適正な運営の確保及び派遣労働者の就業条件の整備等に関する法律第４８条第１項、第４９条の２第１項、第２項の規定に基づき、下記（１）（２）記載の指導、助言及び勧告をすることを申告する。

記

（１）被申告者光洋シーリングテクノ株式会社の本店所在地の工場において派遣就業を行なっている派遣労働者である別紙当事者目録第１、第２記載の申告者３０名を期間の定めなく雇用するよう指導、助言及び勧告する。

（２）被申告者光洋シーリングテクノ株式会社の本店所在地の工場において派遣就業を行なっている派遣労働者である別紙当事者目録第１、第２記載の申告者３０名に対して労働者派遣事業の適正な運営の確保及び派遣労働者の就業条件の整備等に関する法律第４０条の４の規定による雇用契約の申込みをするよう指導、助言及び勧告する。

第２　申告の理由

１　労働者派遣事業の適正な運営の確保及び派遣労働者の就業条件の整備等に関する法律上の根拠

（１）申告の趣旨（１）記載の指導、助言、勧告についての労働者派遣法上の根拠

被申告者光洋シーリングテクノ株式会社は労働者派遣事業の適正な運営の確保及び派遣労働者の就業条件の整備等に関する法律（「労働者派遣法」という）第４０条の２第１項（労働者派遣の役務の提供を受ける期間）の規定に違反して労働者派遣の役務の提供を受けており、かつ、当該労働者派遣に係る申告者らが被申告者に雇用さ

2

労働局申告書。2005年12月9日、矢部さんたち偽装請負の労働者30名は、厚生労働大臣並びに徳島労働局長に対し、「雇入及び雇用契約申込」の指導、助言及び勧告を求める申し立てをした

雇用契約終了通知書

コンプライアンス遵守の為、取引先の光洋シーリングテクノ株式会社との契約について打合せを行った結果、当社と取引先、双方の歩み寄りが出来ず光洋シーリングテクノとの契約の継続は困難となりました。

右記の理由により来年、一月末日で取引の打ち切りとなります。先方と協議し何とか皆様の雇用の確保に努力しておりますが。藍住事業所におきましては、誠に不本意ながら、貴殿と当事業所における雇用契約の更新が難しい状況になりました。

貴殿には当事業所において多大なご協力を頂き感謝致しております。つきましては、平成十八年一月三十一日付を以って雇用契約が終了する旨、取り急ぎ書面にて、ご通知申し上げます。

年明け一月六日・七日に説明を行います。

平成十七年十二月二十八日

株式会社コラボレート徳島営業所　所長　原田　恵輔

矢部浩史　殿

雇用契約終了の通知書。請負会社コラボレートに所属していた矢部さんは、3カ月ごとに契約を更新していたが、違法な偽装請負の是正を要求されたコラボレートは、「それでは利益が出ない」という理由で撤退を決定し、矢部さんたちにも通知書を送ってきた

スタッフクリエイト本社。矢部さんたち労組員は、撤退したコラボレートから新たな請負会社スタッフクリエイトに移籍した

労働局の不適切な指導で大混乱に

一方、徳島労働局は、直接雇用ではなく、あくまで「適正な請負」の指導にとどまり、それを受けた光洋シーリングテクノは、2006年4月から生産ラインを無理やり正社員と下請3社の4つに区分して作業をさせた。材料や技能を共有することで品質や生産に対応してきた現場は大混乱に陥った。

コラボレートが撤退した後に入ったワークスタッフという請負会社からの社員には熟練の技術者がいないうえ、現場の面倒を見るのは、微調整のできない正社員の班長なので、技術も上がらず、アイシンやトヨタからの苦情が増え、ロットアウト（規格外の不良品の

[redacted]

矢部 浩史 様

株式会社 スタッフクリエイト
〒 770-0847
徳島県徳島市幸町１－４７－３
スタッフクリエイトビル
TEL 088-655-5228 FAX 088-624-0384

2006年04月 分 給与明細書

お疲れ様でした
銀行: 0172316 阿波 徳島北 口座番号: 0080093

支給項目					
基本給		普通残業	深内深夜	深夜残業	
156,600		0	5,250	0	
		遅早控除	欠勤控除	非課交通	課税交通
		0	0	0	0

控除項目					
健康保険	介護保険	厚生年金	年金基金	雇用保険	社保合計
5,300	1,800	14,288	0	1,294	22,682
課税対象	所得税	住民税	総控除額		食事料金
139,168	4,660	0	32,482		5,120

今月の振込日は、 05月 15日です。

差引支給額	129,388

勤怠明細

就業場所	単価		労働時間	金額
光洋シーリングテクノ 株式会社 男性 構内作業	単	1,200	150:30	156,600
	C	1,500	3:30	5,250

有給休暇日数

[illegible]	[illegible]	[illegible]	[illegible]	[illegible]
			2.0	13.0

当月勤務

出勤	休出	欠勤	遅刻早退
20.0			

A: 法内残業
B: 普通残業
C: 契内深夜
D: 深夜残業
E: 法外休日
F: 法外休深
G: 法内休日
H: 法内休深

スタッフクリエイトでの2006年4月の給与明細。この頃から、テレビ局や新聞社の取材が相次ぐようになった

返品）を何度も出しました。

不良品がひとつ出ただけでも、そのとき送った製品が全部返ってくる。トヨタの「かんばん方式」なので、一挙に何千個も返ってきます。再検査でＯＫなら返せますが、その間の代替品も送らなければいけないし、運賃などもこちらで出すので、大損害です。おそらく、億単位の損失を出したと思います。

それまでは年に１度程度だったロットアウトが、３カ月間で10回もあり、発注先からの要請により、本来は１人で完結する体制だったのがダブルチェック体制となり、その分、請負社員を増員して生産を続けていました。ひどいときはトリプルチェックのときもありました。それでも、正社員を使うより安いから、会社はその体制を続けるわけです。

直接雇用を勝ち取るもストを敢行

２００６年８月、光洋シーリングテクノは、労働局の指導に従って非正規社員に直接雇用を申し入れ、10月１日から、計59人を直接雇用することに合意した。６カ月契約の期間工で、３年間のうちに正規雇用を目指すという全国的にも画期的な内容だった。

契約社員労働契約書

光洋シーリングテクノ株式会社と（以下甲という）と 矢部 浩史 （以下乙と言う）とは次のとおり労働契約を締結する。

1. 乙は、甲より示された賃金、時間等の労働条件を承認し、職場秩序維持の義務および生産性高揚の義務等を誠実に尽くして契約社員就業規則を遵守し労働に従事することを契約する。
2. 乙は、甲の機密については、在籍中は勿論退職後も、甲の許可なく、第３者に開示もしくは漏洩せず、また自己または第三者のために使用しないことを誓約する。また、乙は自己が保有する第三者の営業秘密をその秘密性を有する間、その了解なしに、甲に開示もしくは漏洩しないとともに、甲における業務に不正に使用しないことを誓約する。

記

1)雇用期間　平成19年4月1日から　平成19年9月30日まで（更新の場合あり）
雇用契約の更新は初回契約より連続して２年１１ヶ月を限度とする。

2)就業場所　光洋シーリングテクノ株式会社
住所：　徳島県板野郡藍住町笠木字西野39番地
但し、自己の業務の内容に関わり、関係先に出張を行う場合がある

3)仕事の内容　工業用ゴム製品ならびに樹脂機能部品の製造に関わる諸作業
（部品の調達、製造工程におけるオペレーター、製品検査、各種データーの収集等含む）

4)就業時間　①常昼勤　始業(08時10分)　終業(16時10分)うち休憩時間54分
②交替制　早出　始業(07時00分)　終業(14時51分)うち休憩時間45分
遅出　始業(14時39分)　終業(22時30分)　うち休憩時間45分
但し、勤務時間を変更する場合がある

5)勤務日又は休日　勤務カレンダーに基づく

6)時間外労働　①時間外労働をさせることがある　②休日労働をさせることがある

7)賃金
①基本賃金　時間給　1，120円
②時間外労働等に対する割増率　契約社員就業規則に基づく
③通勤手当、皆勤手当　契約社員就業規則に基づく
④賃金締切日と支払日　21日から翌月20日締め、月末1日前支払い
⑤賃金支払い時の控除項目　契約社員就業規則に基づく
⑥昇給　なし
⑦賞与（寸志）　契約社員就業規則に基づく
⑧退職金　なし

8)社会保険　①労災、厚生年金、健康保険、雇用保険等　各種会社保険加入

9)福利厚生　①作業服1着目無償、2着目半額、3着目全額個人負担
②安全靴1/4を個人負担
③食券120円/1食、牛乳券24円/1本を個人負担

10) 上記に記載事項以外について詳細は契約社員就業規則に基づく

平成　年　月　日

甲　光洋シーリングテクノ株式会社
取締役社長　橋口 浩二

乙　現住所
氏名

以上

契約社員労働契約書。粘り強い交渉の末、矢部さんたち労組員全員が別の請負会社「スタッフクリエイト」に移籍が決定。2006年９月には、ついに59人が光洋シーリングテクノとの直接契約（契約社員）を結び、正規雇用を勝ち取った。直接雇用後６カ月が過ぎての初めての更新時に交わした文書

僕も直接雇用になりましたが、正社員になったわけではないし、正社員になることが保証されたわけでもありません。業務請負を告発した後で、5カ月間の契約後に解雇された松下プラズマの吉岡力君（現在係争中）や、徳島県も立ち会ったうえで直接雇用を約束したのに、業務請負を告発した組合員だけを不採用にした徳島県の日亜化学（直接雇用の指導を求めて徳島労働局に再び申告中）のように、まだどうなるかわからないですから。それに、スタッフクリエイトの時給１２００円が、直接契約では１１００円に賃下げになりました。

その後も進まない待遇改善と、新たな直接雇用を求めて、矢部さんたちは２００７年4月4日と4月17日の2回にわたり、24時間ストを決行した。光洋シーリングテクノは7月1日より新たに16名を契約社員として直接雇用することを約束した。

トヨタの利益吸い上げが偽装請負を生む

2回目のストライキを打ってから、光洋シーリングテクノのほうも、あいつら本気じゃ、会社をつぶしかねへん、と感じたようです。アイシン、トヨタへの生産ラインが止まれば、契約を打ち切られかねませんから。若い組合員の子も24時間ストに加わったので、会社のほうが折れてきました。

今年（2007年）に入ってもトヨタからのピストンシールの受注は増え続けています。去年は80万個くらいで、100万個はいっていませんでしたが、今年7月は110万個近く、8月は約95万個、その後も110万個ペースでずっと増えていっています。最高に増えたら月産200万個いくかもしれません。

新車種が出ると、新しい形のミッションが乗り、少ない車ではピストンシールは1台に1個ですが、多い車は5個くらい使います。新型車ほど多く使われるので、いっぺんに2万個とか増えたりしますから。

新潟県中越沖地震で自動車部品メーカーのリケンが被災した際にトヨタの生産ラインがストップして話題になりましたが、光洋シーリングテクノのピストンシールの生産がストップすれば、トヨタにはそれ以上の影響が出ると思いますね。

最初は請負会社のダイテックが悪いと思っていましたが、だんだん光洋が悪いと考えが変わっていきました。そして今は、トヨタはひどい会社やな、と思います。

結局、自分らみたいな人間を偽装請負の形で使っているからこそ、利益が出る。それを合法的に、単価切り下げという形で下請け・孫請けに迫り、その利益を吸い上げているのがトヨタです。このピストンシールは、1個200円か300円、4個セットで900円くらいですが、トヨタはもう2年くらい前から、むこう3年後には2割カット、

06年 11月度 給与明細票

事業所	所属	社員番号	氏名
94	1523	550009	矢部 浩史 殿

出勤日数	欠勤日数	有給日数	特休日数	不就業時間	時間外H	不就業減給
22.98	1.02					

基本給	能率給	能率加給	職場給	家族手当	役付手当	特殊資格手当		精勤給
179474								
時間外手当	特別深夜残業	交替手当	深夜手当	特殊勤務手当	高熱手当	代休手当	住宅手当	通勤手当
		15850	2145					5750
有給手当	昇給差額	その他手当				臨時給与	現物給与	支給総額
							4600	207819

厚生年金	健康保険	介護保険	雇用保険	課税対象額	所得税	住民税	銀行預金	持株会
13177	4752	828	1662	181650	7270			
財形貯蓄(1)	財形貯蓄(2)	労金・労済	生命保険	社宅・寮費	水道	食券	労組費	衣料費等
						3360		
購買代	諸会費	部費	その他控除(1)	その他控除(2)	その他控除(3)	臨時給与	現物給与	控除計
							4600	35649
その他非課税	過不足税額	端銭戻	端銭預					支給額
								172170

07年 05月度 給与明細票

事業所	所属	社員番号	氏名
94	1521	550009	矢部 浩史 殿

出勤日数	欠勤日数	有給日数	特休日数	不就業時間	時間外H	不就業減給
13.73	1.27	3.0				

基本給	能率給	能率加給	職場給	家族手当	役付手当	特殊資格手当		精勤給
133037								
時間外手当	特別深夜残業	交替手当	深夜手当	特殊勤務手当	高熱手当	代休手当	住宅手当	通勤手当
		9609	1344					3833
有給手当	昇給差額	その他手当				臨時給与	現物給与	支給総額
							2600	150423

厚生年金	健康保険	介護保険	雇用保険	課税対象額	所得税	住民税	銀行預金	持株会
13177	4752	792	902	126967	2010			
財形貯蓄(1)	財形貯蓄(2)	労金・労済	生命保険	社宅・寮費	水道	食券	労組費	衣料費等
						2160	1500	
購買代	諸会費	部費	その他控除(1)	その他控除(2)	その他控除(3)	臨時給与	現物給与	控除計
							2600	27893
その他非課税	過不足税額	端銭戻	端銭預					支給額
								122530

光洋シーリングテクノに直接雇用されてからの矢部さんの給与明細。契約社員の資格は得たが、低賃金だ

できなければ契約解除、と言ってきているそうです。

また、ピストンシールは光洋シーリングテクノが生産していますが、その販売権は『KOYO』というブランド名で「ジェイテクト」という東証一部上場企業が持っているので、ジェイテクトはその販売料として5％を受け取っていますが、今後はそれを10％とする話が出ています。そうやって子会社、孫請け会社から利益を吸い上げておいて、ウチでは違法なことをやっていません、と答えるのが大企業です。だからこそ、その利益を生むために、孫請け会社は偽装請負をやめられないわけです。

偽装請負告発者が連帯する「非正規ネット」

2007年6月25日、矢部さんは、キヤノン宇都宮工場の大野秀之さん、松下プラズマの吉岡力さん、東芝家電製造の小森彦《まさる》さんともに、「偽装請負を内部告発する非正規ネット」を結成し、偽装請負企業に対する罰則の厳格適用や直接雇用の指導を厚生労働省に要請し、内部告発に対する報復行為の取り締まりを求めた。

厚労省の高橋満・職業安定局長が、厚労省は、直接雇用を指導する権限はございません、と言ったので、勧告は権限と違うのか、と聞いたら、横にいた人が、いや勧告はできます、と答えた。

だったら勧告は権限じゃないですか。

ここ3年間で、着るものはTシャツ2枚、ジーンズ1本だけしか買っていません。パソコンいじりが好きですが、6年くらい前からはソフトも買えないままです。正社員に採用されると、僕の年で平均年間賃金500万円くらい、少なくとも今の倍ですが。もしも正社員に採用されなかったとしても、闘い方、けんかの仕方はいろいろあります。不当な利益をあげている会社に社会的制裁を与えるためには、それなりの覚悟がありますから。

＊初出　MyNewsJapan　2007年8月13日（伊勢一郎・ジャーナリスト）

第５章

世界での評判
——広がる反トヨタ・キャンペーン

世界45カ国で「反トヨタ世界キャンペーン」

これを書いている2007年9月、トヨタの年間生産台数が世界一になることが確実になっている。まさに「世界のトヨタ」なのだが、果たして海外でこの企業がどう見られているのか。実は、海外ではトヨタをめぐるさまざまな〝事件〟が起きているが、日本の大マスコミは報じないいため、外国の人は知っていても、日本に住む人びとだけが事実を知らされない事態になっているのだ。

北米トヨタ社長、セクハラ事件

たとえば06年5月9日、北米トヨタの大高英昭社長が、元秘書だった日本人女性へのセクハラ問題で辞任した。5月1日、セクハラを受けたとして元秘書は、北米トヨタ・大高社長と親会社のトヨタ自動車を相手取って、1億9000万ドル（約215億円）の損害賠償を求める裁判を起こしていたのだ。

日本の主要マスコミは、社長辞任という事態を受けて、さすがに短い記事を掲載したが、多くの人の目にはとまっていないはずだ。これればかりではない。世界各地でトヨタは労働争議などのトラブルを抱えているのだ。日本国内では御用組合に会社が守られて労使一体型経営が推進されて表面上は平穏だが、トヨタ型（あるいは日本型）の社内統制は、海の向こうでは通用しないのである。

インドのデカン高原中部バンガロール近郊の「トヨタ・キルロスカル社」では、2006年1月6日から大規模なストライキが起きた。3人の労働者が解雇されたことに抗議して、2350人の従業員のうち1550人がストライキに入った。対抗した会社側は同月8日に工場をロックアウトして、11日からは管理職と非組合員800人が部分的に操業を開始した。事態が深刻化し、州政府が介入して労使交渉が始まったという。

また、フランスでもトヨタ子会社と組合が対立している。

日本人だけが知らない異常事態

2007年9月9日から9月16日にかけて、「反トヨタ世界キャンペーン」が、世界数十カ国で展開された。海外のトヨタ関連企業で働く労働者たちが、トヨタ工場などの施設や日本大使館前などに集まって抗議行動を展開したのである。IMF（国際金属労連）も賛同している。日本のトップ企業、世界のトップ企業であるトヨタが、世界の数十カ国において同時多発で大規模な抗議行動を受けている事実は、まさに異常事態だ。

ことの発端は、フィリピントヨタ（ＴＭＰ）で起きている組合つぶしと２２７人（後に２３３人）の大量解雇事件である。トヨタが抱える世界で最大の労使紛争が実は、このフィリピントヨタ労組。組合選挙で承認された労組をフィリピントヨタは認めず組合加盟者を大量解雇、さらにはＩＬＯ（国際労働機関）の数々の勧告を無視し、フィリピン最高裁判決も無視しているのがフィリピントヨタである。

２００６年5月19日、ＩＭＦ（国際金属労連）の執行委員会は、トヨタ側の行動を「多国籍企業による労組攻撃」であるととらえ、世界的なキャンペーンの実施を決定した。同年6～7月にかけて第1波反トヨタ世界キャンペーンを断行し、9月に実施した第2波行動で、ついに45カ国にまで広がった。

そして２００７年も、同様な抗議活動が行われ、世界はもちろん、日本国内でも名古屋・豊田・横浜・東京などで抗議活動が行われた。これだけ大きな問題に発展しているのに、日本国内のマスコミは報道しない。極論すると、「知らないのは日本人だけ」という危険な状況である。

さて、世界中に広がる反トヨタの動きのきっかけである「フィリピントヨタ事件」を追及しなければならない。しかし、労使紛争の詳細を説明する前に、ある〝事件〟を紹介しよう。その事件とは、「世界のトヨタ」の工場内で行われたお触りストリップショ

IMFグローバルキャンペーン（反トヨタ世界一斉行動日）。日本大使館への要請行動（2006年９月12日）

反トヨタ世界キャンペーンの抗議行動（2007年９月名古屋、写真／児玉繁信）

ーである。ある意味で象徴的な〝事件〟だからだ。

「世界のトヨタ」工場でストリップショー、「触れ合い」活動で女性にお触り

フィリピントヨタ自動車の工場内で、夜勤時間中にストリップショーが繰り広げられていた。「Personal Touch of Boss」と呼ぶ懇親会を名目に、会社の費用で女性を〝レンタル〟。現地トヨタの男たちは卑猥《ひわい》な声を上げ、触り、写し、大いに楽しんだ。

その様子を映したビデオが流出している。違法解雇問題を乗り切るために労組対策として、後述するトヨタ式労務管理の「ＨＵＲＥＡＩ活動」を強化したところ、現地では「ストリッパーにお触り」となってしまった。

上半身をまさぐり、股間に手を入れる男たち

この「写真」は、携帯で撮影された映像から切り取った画像である。あえて掲載したのは、これが、トヨタによる現地社員の違法解雇（終身雇用は日本国内のトヨタだけのようだ）と労組対策（懐柔策）といったトヨタ式労務管理の一環として行われた事実を示しているからだ。

詳しいことは後ほど説明するとして、まずは入手した２本の映像を〝実況中継〟して

みよう。

ゆったりしたテンポの音楽に合わせ、テーブルに乗ってからだをくねらす全裸の女性。周りを囲む男たちは目をランランと輝かせ、からだを揺すり奇声をあげる。下から股間を覗《のぞ》く男や、携帯電話でヘアのあたりをしきりに写す男もいる。

1分14秒でこの映像は終わった。

もう1本はわずか21秒だがもっと大胆だ。

タバコを指に挟んでテーブルに横たわる女性を囲み、1人は上半身をまさぐり、1人は股間に手を入れている。女性に恥じらう様子はまったくなく、明らかに「プロ」と思われた。

さてこのストリップ、なんとフィリピントヨタ自動車の工場敷地内の建物のなかで、しかも夜勤時間中に演じられていたのである。「世界のトヨタ」の工場で！

トヨタの会社行事PTは「女性」が付き物？

2006年4月1日夜、工場敷地内の一室で、夜勤中の保守部門の従業員9人が参加し、「PT」と呼ばれるミーティングが開かれた。主催はフィリピン人のN課長である。

「トヨタフィリピン工場」でのストリップショーの一幕

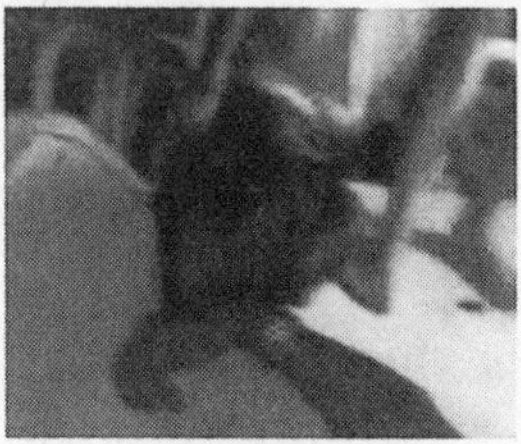

かぶりつく社員

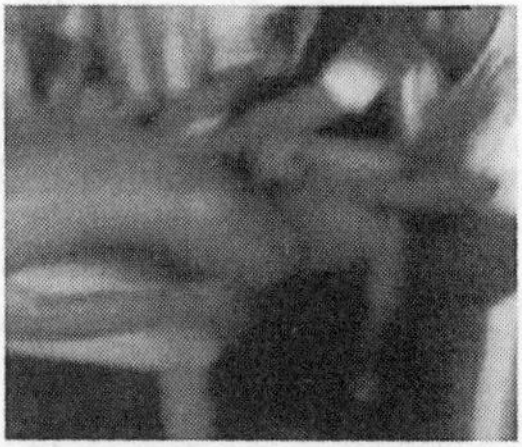

トヨタのPT活動。会社の費用でパーソナルタッチ。PTとは「Personal Touch of Boss」の略で、日本国内の「触れあい（HUREAI）活動」にあたる

ＰＴとは先に挙げたように「Personal Touch of Boss」の略で、要するに管理職と部下がコミュニケーションをはかるために催す懇親会。費用は会社持ちだという。ＴＭＰの広報担当者によると、ＰＴは「会社行事」のひとつとされ、通常は社外で開かれるという。その際、しばしば「女性」が付き物となり、ストリップから買春にいたるケースさえある、とは別の社員の証言だ。

現に、問題の日のあとで、溶接部門の従業員が集まった社外のＰＴでも、「飲食後にストリップダンサーを呼んだ」と、参加者は語っている。

くだんのストリップは、午後９時頃から始まった。〝レンタル〟された女性が社内に呼ばれ、飲食とともにショーが繰り広げられた。この場を取り仕切ったＮ課長が淫らな笑みを浮かべて騒ぐ様子がビデオに映っている。

だがその代償は安くなかった。

「現地マター」と頬かむりを決め込むトヨタ本社

彼は、５月22日の朝礼で数百人の従業員を前に謝罪したというし、その後は出勤停止になったとの情報もある。

参加者に対しては当初、A上司の名で文書戒告するにとどまった。その文書も刺激的で、「興奮し」「卑猥にはやし立て」「秘部（The dancer's private part）に触り」などと、当夜の模様をリアルに活写し、戒告の理由にしている。

A上司は女性である。

一方、この件について、日本のトヨタ自動車は〝頬かむり〟を決め込んでいる。「度を超えた行為があった」としつつも、「現地のルールに則って厳正な処分をしたと聞いている。それ以上のことはわからない」（広報部）というのだ。TMPには、社長はじめ幹部を送り込んでいるにもかかわらず、本社は「現地マター」を繰り返す。

だがTMPの広報担当者は、「PTには日本人社員が参加することもある」と言う。

フィリピンで認められた正式組合を無視して233人を解雇

1989年から操業しているTMPは、マニラ首都圏に隣接するラグナ州サンタロサに78ヘクタールもの広大な工場を持ち、「カムリ」、「カローラ」、「イノーバ」を生産している。従業員は約1300人。同工場は2005年に3万6000台を生産し、フィリピン市場の37％を占め、ナンバーワンの座にある。

従業員によると、PTは6年ほど前からしばしば開かれるようになった。その背景には「労使紛争」が絡んでいるとの証言がある。

発端は、２０００年３月。この月、フィリピントヨタ自動車労組（ＴＭＰＣＷＡ）が承認選挙で過半数を獲得した。フィリピンでは、従業員の過半数が選挙で承認すると団体交渉権を持った正式な組合と認められるため、労働雇用省は組合認定の判断を下した。会社も当然、組合を認めるものと見られていたが、さにあらず。ここから事態が錯綜《さくそう》していく。

まず２００１年３月、日本では終身雇用をうたうトヨタだが、現地では組合員を一挙に２２７人解雇（後に２３３人に。うち１３６人がいまも解雇撤回を求めている）。これに抗議して組合は2週間のストライキを実施した。

法廷闘争も繰り広げられ、２００３年9月には、最高裁が組合の団体交渉権を認める決定を下した。さらに事態は国際的な広がりを見せ、同年11月には、ＩＬＯ（国際労働機関）結社の自由委員会が「組合員の再雇用と団体交渉を行う措置」をフィリピン政府に勧告する、という動きもあった。

組合対策で取り組まれてきた懇親会「ＰＴ」

そして２００６年2月、今度は「第2組合」（会社べったりの御用組合）のフィリピントヨタ自動車労働組織（TMPCLO）が結成され、承認選挙に臨んだ。その結果は、「二組」424票、「一組」（闘う労働組合＝TMPCWA）237票で、二組が〝勝利〟したのだ。これを受け、労働雇用省は二組を労組と認める判断を下した。これに対して同年11月に、ILOは「第二組合」の承認選挙を「遺憾とする」という勧告を出している。

フィリピントヨタの「PT」は、一組結成後と二組の承認選挙前後にとくに活発になったと関係者は言う。つまり、「組合対策」を念頭に、PTは取り組まれてきたというのだ。

だがこれは、フィリピンの専売特許ではない。

「触れ合い」活動が現地では「ストリッパーお触り」に

日本のトヨタ自動車でも、まったく同じ——PT（パーソナルタッチ）——と呼ばれる「労務政策」が行われていた。あるトヨタOBは、「1960年代後半から〝運動〟として全社的に取り組まれた」という。「いろんな活動があったが、一番多かったのは職場の上司が飲みに連れていってくれたこと。まさかストリップはなかったけど」と、そのOBは語る。

PTの〝原点〟はここにあった。

これを受け継いで、トヨタ自動車は現在、「ＨＵＲＥＡＩ活動」を展開している。そのフィリピン版がＰＴなのだ。

トヨタ式労務管理をフィリピンでも貫こうと、「触れ合い」活動を展開したものの、「ストリッパーにお触り」へとハンドルが切られてしまったのである。

＊初出　MyNewsJapan　２００６年11月21日（諏訪勝・ルポライター）

開いた口がふさがらない。そこで、このような労働懐柔策の対象とされたフィリピントヨタ労働組合の委員長に、いったいフィリピントヨタでは何が起きているのかを直接、聞くことにした。

フィリピントヨタ労働組合のエド・クベロ委員長

フィリピントヨタ労組委員長が語る、勤務中全身火傷社員の解雇

フィリピントヨタの工場内で夜間勤務時間に「触れ合い活動」として演じられたストリップショーは、ひんしゅくを買っている。そればかりか、正式組合のフィリピントヨタ労働組合を会社は認めず、組合員を大量解雇した。なかおつＩＬＯ（国際労働機関）の再三の勧告を無視し、フィリピン最高裁の決定にも逆らうフィリピントヨタ。

そのため、世界中で「反トヨタ世界キャンペーン」まで繰り広げられる深刻な事態となっている。日本でも「フィリピントヨタ労組を支援する会」が結成され、国際的な反トヨタ包囲網が広がりつつある。こうしたなかで2007年3月29日〜4月2日に、フィリピントヨタ労働組合のクベロ委員長が来日。3月30日にはトヨタ自動車東京本社を訪ねて交渉した。その直後に話を聞いた。

組合を認めず「上に持って行く」と言うだけ

われわれは、不当解雇に対して6年間闘ってきました。今日は、その闘いに参加してきた家族の窮状をトヨタ自動車東京本社で訴えました。

フィリピントヨタにはもうひとつ組合があるのですが、ここは労働者の窮状を解決できません。解雇されて苦しい生活をしている従業員とその家族を救済することが、唯一この労働争議を解決する道なのです。この点を東京本社で強調しました。

私たちは、トヨタの東京本社に解決への回答を求めているのですが、彼らは「上に持って行く」と言うばかりで、空振り状態なのです。

私たちの組合としては、トヨタが労働者に対して行っている非人間的な行為を止めることを最大の目的としています。

組合結成でゴミ分別セクションへ異動させられる

1989年11月、私は19歳のときにトヨタに入り、車体に色を塗る作業をしていました。それからスプレーを使う塗装をし、「カローラ」、「クラウン」、「ハイエース」、いろいろな車種の塗装をしました。私たちの工場で生産された車はフィリピン国内で売られるものです。

塗装の仕事の後は、顧客満足を調べる仕事に変わりました。

最初は見習い工として週80ペソの給料（小遣いの名目）をもらいました（注＝2007年現在1フィリピンペソ約2・5円）。私の記憶では当時の最低賃金が130ペソだったと思います。この金額でも生活するのが大変でしたから、80ペソでは苦しかった。

3カ月後に準社員になり、さらに3カ月後に社員になりました。正社員になると最低賃金を獲得できます。

1992年に組合が結成され、私は組合員になりました。しかしこの組合をトヨタは認めず、違法であるとされました。1993～1997年までは、労働組合と経営者が結託した形になって、この間は、実質的に組合はなかったと言っていいでしょう。

本当に労働者の権利を守らなければならないと思い、1996～1997年にかけて労働組合をつくろうと動き始めました。社内では「頭の固いやつだ」というように見られて、どんどん窓際に追いやられるようになってしまいました。

こうして新組合を結成したのです（現在の組合の前身）。私の考えに賛同してくれる社員は多く、最初から800人くらいの人が加盟してくれました。

しかし、そのうちの7人をトヨタが使って、この労働組合は無効である（団体交渉権を持つ組合ではない）とフィリピン労働雇用省に訴えさせたのです。

こうなると最高裁の判決が出るまでに長い期間を要してしまいます。そこでしかたなくまた、新しい組合をつくることにしたんです。このような理由から1998年に誕生したのが、現在のフィリピントヨタ労働組合です。

会社側は、ゴミ分別セクションというのを特別につくり、私はそこに異動させられました。もちろん私のために特別につくられたセクションだから人員は私1人だけ（笑）。文字どおり、ゴミの分別作業だけで工場の仕事はやらせてもらえませんでした。ほかの組合員と私が接触するのを避けるためです。

就業時間の前後に4時間の残業

日本と似たシステムはフィリピンでも導入されていますが、過労死や過労による精神疾患を患う人は私の知る限りはいません。

フィリピントヨタではファイブSというのがあります。Sweep（掃除）とかSのつく単語が5つあり、それが目標とされているのですが、そのほかのSが何かは忘れてしまいました。

通常の仕事が終わった後、特別な作業もしなければなりません。自分の仕事が終わっても同僚の仕事が終わらなかったら手伝わなければならないのです。

1990年代は、8時間の就業時間に加えて4時間くらいの残業をするのが普通でした。残業は、就業時間の前の朝と終業時刻後の2つに分けられます。

残業代は支払われているのですが、トヨタ内に長時間拘束されることになり、土曜日も日曜日も同じです。日曜日は一応休みですが、トヨタは独自の休日（トヨタカレンダー）を持っていて、日曜日が休みでないこともありました。

勤務体制は二交代制で、朝7時～午後4時、午後4時～深夜12時まで。メンテナンス部門では3シフト制が導入されており、朝7時～午後4時、午後4時～深夜12時、深夜12時～朝7時となっています。メンテナンスは、問題がないようにずっと見ていなければなりません。

朝7時就業開始のときは2時間前の5時に来て準備をし、就業開始前に1時間、作業終了時刻の4時以降は3時間の残業。多い部門は4時間残業ですね。

化学溶液タンクに落下した同僚を解雇

最初トヨタに入ったときは、世界のトヨタで働けるとうれしく思っていました。でも実際に働き始めると、私にとっては地獄のようでした。

特に労働者に対する安全設備が不備でした。工場のなかは非常に暑く、作業もつらかった。工場内は冷房が利いていません。近くにオーブンのような熱源があり、苦情を出して扇風機を設置してもらいました。でも、汗が乾く間もありません。

給水器があって水は飲めるのですが、コンベアーの流れ作業なので、ダッシュで走って水を飲み、またすぐに戻ってくるような状況です。

今の組合を結成した1998年に事故が起きました。

塗装した部分の油をとるための化学薬品（液状）を入れるタンクがあるのですが、一緒に働いていた仲間が、そのタンクに落ちてしまったんです。

全身の皮膚がはがれるようなひどい火傷で、周囲の労働者たちは、どうしていいかわからずパニック状態になってしまった。私が彼を助け出し、背負って病院に連れて行きました。ただれてしまった彼の皮膚が私のからだに密着した生々しい感覚を、今でも覚えています。

大ケガをしたその仲間は、トヨタに解雇されてしまいました。出勤できなかったので即解雇です。大火傷を負ったので出勤できないのは当たり前ですが……。事故自体が、ケガをした彼の責任だとされました。その仲間は働くセクションでケンカをしていたことがあった。だからケンカをして液状化学薬品のタンクに落ちた、と会社は言うんです。

彼は組合員ではありませんでした。トヨタは病院の治療費入院費の一部は支払ったようですが、全額ではありません。その後、会社がやったことといえば、化学薬品のタンクを柵で囲ったことくらいです。

さすがにこの事件は地元のメディアに取り上げられました。

この例のような大きな事故だけでなくても、ミスをしたことで免職になる人が多かった。以前、アジア経済危機のときに契約社員がおよそ100人辞めさせられました。辞めさせられたのは組合員です。

支持率63%の組合が無効とされた

このような職場環境を改善するため、クベロ委員長以下の組合員たちは活動を活発化させていった。そして2000年、現在の争議の直接的な事件が起きた。

職場でのワッペン闘争。組合員小集会にて（2006年8月）

2000年3月8日、私たちの労働組合が団体交渉権を持つ団体として認めるかという選挙がありました。63％の得票を得て、晴れて正式な労働組合になったはずでした。ところが、経営側に賛成した者もいたので、選挙自体が無効だと言い始めたのです（課長クラス105人が投票しなかったことを指す）。

これに対して私たちが訴えたら、その年の5月に、私たちのフィリピントヨタ労働組合が唯一の団体交渉権を持つ組合であるとの判決を出したのです。しかしトヨタ経営陣が手をまわして、同年の10月に裁判所が前の決定を覆《くつがえ》してしまったのです。

さらに再考を求めて労働雇用省に訴えました。翌2001年の2月に異例の公聴会が開かれることになり、約300人（正確には317人）の組合員が公聴会に参加しました。

3月16日、結局、労働雇用省が「唯一の独占的に団体交渉権を持つ組合」と認めた組合員300人（解雇者227名・後に233名、定職70名）を処分したのです。

公聴会へ出席したことが無断欠勤であり、解雇の理由にあたるとトヨタ側は主張している。しかし、公聴会に出席する埋め合わせとして休日出勤する意向を組合は伝えていた。

こうしてフィリピントヨタでは労使の対立が深まるが、殺伐とした雰囲気を改善するために、突拍子もない〝活動〟も実施された。そのひとつが、前述したトヨタ工場内のストリップショーだ。

続けられる〝触れ合い活動〟ストリップショー

フィリピントヨタでは、以前は生産現場にも女性社員はいたんですが、後に女性は事務職に移されました。女性の管理職は、会計・材料管理部門にいましたし、人事部の部長も女性です（一般に日本よりフィリピンは女性管理職が多い。ストリップショー事件（227ページ参照）の担当責任者は女性だった）。

ストリップショーが最初に行われたのは2000年。当時は組合と経営陣が対立していた時期で、経営陣の気を休ませるために「上司と仲良くなろうプログラム」（いわゆる「触れ合い活動」）があり、外部からそういう女性を呼んでラジオの音楽に合わせて踊らせ、上司に触らせるということがあったのです。

それはずっと続いていたのですが、われわれが気づいたのは2005年のことです。それをビデオに収めたんですね。ストリップも秘密で行われているので、メディアにも出なかった。どのくらいの頻度だったかは、関係者が口をつぐんでいるのでわかりません。

今は、会社の外、飲み屋であるとか、旅行先のリゾート地で女性を呼んでストリップショーをしているのです。

2005年にビデオを入手するまで、ストリップが行われていたとは知りませんでした。メディアも取材していないから一般のフィリピン人も知らない。なぜメディアが近づかないかというと、トヨタがメディアに影響力を持っているからです。

トヨタ自動車への公開質問状

フィリピン工場内のストリップショー
組合つぶしを目的とした不法体質

トヨタ自動車の責任を問う！

2006年12月12日
フィリピントヨタ労組を支援する会

日本トヨタがフィリピントヨタの処分に介入！

フィリピントヨタは4月1日社内ストリップショー事件発生以来5月19日フィリピントヨタ労組（TMPCWA）のビラでの暴露までこの事件を放置し、その後何等かの処分を行った（全員に一律文書譴責程度の処分か？）ことは確実であるがその内容すら公式に発表しようとしなかった。そしてTMPCWAの更なるビラにフィリピントヨタはまったく動きを見せなかった。そして、日本トヨタもこの件での私達の9月29日の質問状に沈黙を決め込んできた。しかし、日本トヨタはついに動かざるを得なくなった。私達の質問状の公開、一部マスコミでの報道の圧力が日本トヨタを動かした。

このフィリピントヨタ・ストリップショーの責任者ネストール・タデオが新たに出勤停止になった。また、PT会議は依然続けられているが、日本人の参加は禁止された。だが会社の経費負担(一人当たり170ペソ)は続けられている。社外のPT会議はいくつかのレストランと課長や労働者の自宅で行うことだけが認められ、2時間以内に限ってビール2本までに制限されたそうである。

ただし、この出勤停止について日本トヨタは何の発表も行っていない。ただ、タデオの上司であるエーメ・ロペス(女性)がフィリピントヨタ労組（TMPCWA）の組合員のところに来て、日本のニュース記事のコピーを示し、「あなた達の組織がやっていることを見て御覧なさいよ。ただただ会社のイメージを疵付けているだけじゃないの」といったとのことである。

日本のトヨタはこれまで「現地の問題は現地で」といい続けてきた。しかしここで、日本トヨタは、フィリピンで起きた問題であっても日本トヨタが介入しなければならない問題がありうること、かつ日本トヨタはフィリピントヨタに対して処分を変更させる力を持っていることを、ここではっきりと証明して見せた。つまり現地が今年5月ごろに一旦は何らかの処分をし、これまでTMPCWAの圧力にもかかわらずその処分を維持し続けたにもかかわらず、日本でフィリピントヨタ・ストリップショーが明らかにされることで日本トヨタは旧来の処分を「出勤停止」に変更させたのである。それにしてもトヨタでは、一方では、事前通告して公聴会に出席した233名の自主的な労働組合員は解雇され、他方では、夜間ではあるが工場内の就業時間中に外からダンサーを招いてそれもきわめて破廉恥なストリップショーを行うという前代未聞の事件を主催した管理職が出勤停止なのであり、トヨタは自主的な労働組合に対しては異常に敵対的で、管理職には驚くほど甘い。

むろんこの処分のアンバランスの背後にトヨタの明確な意思が潜んでいる。このトヨタの歪んだ意思によって、トヨタはこの問題を世界の前に公開できないのである。それゆえトヨタは未だに臭いものに蓋をし、事件を闇に葬ることのみを考え続けている。この通常の人々には信じられない特異な事件がおきるには必ず特異な背景がある。その背景を解き明かすことなしにこの事件の真実の姿は見えてこない。

「フィリピン工場内のストリップショー　組合つぶしを目的とした不法体質」と題して、フィリピントヨタ労組を支援する会は、トヨタ自動車に対して公開質問状を送っている

暴力行為と扇動罪で逮捕された

一般にフィリピンのマスコミは、労働問題については取り上げない傾向があることもあります。メディアに出るのはいいニュースだけです。

昨年（２００６年）８月16日に私は身柄を拘束されましたが、そういうときだけニュースになります。

トヨタに対して裁判に訴え（控訴）ようと裁判所に行きました。すると裁判所のガードマンが取り囲み、私を敷地内に入れようとしませんでした。控訴手続きをできないようにとの判断でしょう。

そのときに少し小競り合いになり、ガードマンが空砲を５発ほど撃ったため、大騒動になってしまい、21人の仲間とともに私は逮捕されてしまいました。こういうときにはマスコミも報道します。

容疑は、暴力行為と扇動罪です。事実とは違うのですが。警察に連れて行かれ、留置場で犯罪者とともに３日間過ごしました。

３日間で釈放されたのは、国内でも海外でも同情的な声が多かったからだと思います。保釈金なしで解放されました。

フィリピントヨタ労組年表

1998年	
4月	フィリピントヨタ労働組合結成
2000年	
3月8日	社内で労働組合承認の選挙でフィリピントヨタ労働組合が63%の得票を獲得し、団体交渉権を持つ労働組合と認められた。会社側は無効だと主張
5月	調停仲裁人が「同組合を唯一の交渉団体と認める」命令書を交付
2001年	
2月	労働雇用省で公聴会。組合員約300名が公聴会に参加したが、これが無断欠勤だとして後の大量解雇の理由とされた
3月	フィリピン労働雇用省長官裁定で正式な組合と認められる。この裁定が下された日に、会社側は解雇227名（後に233名）、定職処分70名を発表。組合は28日にストライキを実施
2003年	
9月	フィリピン最高裁は、フィリピントヨタ労働組合を唯一の交渉団体と認めた

でも、身柄拘束は解けても取り調べは続きました。取り調べを行った検察庁としては、とくに審議する必要はない(不起訴)と事件は解決したかに見えました。

しかし今年1月に労働雇用省自らが私を告発したのには驚きました。

和解金をつむトヨタ、亡くなった人は7人

300人以上が会社に処分されましたが、一部は職場復帰したので被解雇者は233人まで減りました。2001年からトヨタが1軒1軒まわって和解策に出たのです。それでも和解金を拒んだ者が136人。生活は苦しく、親に助けてもらったり、財産を売ったりして急場をしのいでいます。

途中で亡くなった方もいる。これまでに関係者含め7人です。1人は大人で6人は解雇された人の子どもたちです。

病気になっても病院へも連れて行けず、薬も買えず。亡くなった子どもの家族は、解雇された後に家賃を払えず、借家を追い出されて田舎に引きあげました。そして、農作業の合間に子どもを遊ばせていたら灌漑《かんがい》施設に落ちて死んでしまったんです。

この仲間は、和解金を受け取らないでトヨタを辞めるはめになったことを奥さんになじられて、子どもを失ったあげく夫婦関係が悪化して離婚してしまいました。最終的に

は和解金を受け取ってしまったが、彼のことを責めることはできません。

フィリピン最高裁は2003年9月、フィリピントヨタ労組が団体交渉権を持つ正式な組合であるとの判断を下したが、トヨタは無視している。ILO（国際労働機関）勧告も、トヨタは受け入れない姿勢だ。

争議中であるにもかかわらず、トヨタは団体交渉を拒否し続けている。この方針を続ける限り、フィリピンをはじめ世界各地で起きている抗議行動はさらに拡大していくだろう。

＊初出　MyNewsJapan　2007年5月1日

第6章　やっぱり大問題を起こしたトヨタ

——今回も反省なし

単行本あとがきで「そう遠くない将来に大問題を起こすのではないか」（林）と記した見通しは的中し、2010年2月、米国で拡大したリコール隠し疑惑で、豊田章男社長をはじめ経営陣が米国下院公聴会に呼び出され、対応の遅れや事故について謝罪するという異例の事態にまで発展した。

我々トヨタ取材班にとっては何の驚きもなく、やはり、という印象だった。本章では、2007年11月の単行本発売以降、現在に至るまでの関連する動きを記すとともに、元社員や会社側へのインタビュー、さらには国内外メディアの見方など、トヨタ社内外の反響を多角的にお伝えしつつ、日本を代表する企業でもあるトヨタの問題の本質を検証する。

過労死と「賃金の付かない残業」の行方

「雑談」ではなく「業務」と認定した歴史的判決

単行本発売直後の2007年11月30日、名古屋地裁は、30歳で亡くなった内野健一さん（第2章参照）の過労死を認める判決を言い渡した。内野さんの妻・博子さんが、労働基準監督署に労災を申請したが棄却されたため、「遺族補償年金等不支給処分取り消し」を求めて国を訴えた裁判だった。亡くなってから過労死認定されるまで、実に5年10カ月もかかったことになる。

争点は、トヨタが主張する〝自主活動〟が、業務として認定されるか否か、だった。法廷では、「実際の残業は45時間程度」と主張する国側の証人として、トヨタ自動車の現役社員2名が出廷し、「残業でなく雑談していた」と証言。「トヨタ＋国側（労基署）VS.内野さんの妻」の構図となっていた。

判決では、創意工夫提案書作成、ＱＣサークル活動、ＥＸ（班長）会で役員として行っている活動、交通安全活動なども、業務として認定された。内野博子さんの計算では残業時間は月１４４時間だったが、裁判ではその大半を占める１０６時間余りが認定され、全面勝訴といってよい内容となった。

弁護団の岩井羊一弁護士が、次のように振り返る。「トヨタの社員のかたが出廷するということで、どんなことになるか予想もつかず緊張しました。その社員は、健一さんが長時間工場に滞在していたのは、雑談していたからだ、と証言しました」。

30歳の大の男が、趣味の話など雑談をして深夜の工場に長時間滞在していた、とトヨタ社員は証言したのだった。裁判長が、そんなに長い時間、雑談していたのですか？という趣旨の質問を証言者に対して行ったところ、トヨタ社員は答えられるはずもなく、法廷の空気は一変し、失笑・苦笑の雰囲気になったという。

判決では、「使用者が支配する生産活動に関わるものであり、また、全員参加とされたり、賞金等が交付されたり、人事考課の対象となるなどの点に照らし、業務と評価すべきである」などとして、全面的に内野さんの主張を認めた。

10人以上入る部屋が本社にない？

判決を受け、弁護士が豊田市のトヨタ自動車本社に電話でアポをとり、3日後の12月3日（月）、内野博子さんと弁護士、「支援する会」の人たち10人が、控訴しないよう国に働きかけてほしいと要請するために本社を訪れた。　当日の様子を内野さんが話す。

「3台の車で駐車場に入ろうとすると警備員が来て、2台は出て行ってください、となんとか駐車できました。本社ビルのロビーに入るなり、アポをとっているのだからと弁護士が怒り、なんとかちょっとしたトラブルになりました。弁護士が要請しても「10人以上も入る部屋がない」と言うんです。本社ですから何百人も入れる場所があるのに、「支援する会」の人を入れまいと、人が亡くなり、本人に口がないから、こうして残された者が要請に来ているのに……。」本

支援者は半分だけ中に入ることを認められ、弁護団が要請書を渡すと、「お預かりします」と言ったという。

一部は残業代を支払うようになったが……

2日後の12月5日、内野博子さんと全ト・ユニオン委員長の若月忠夫さんは、日本外国特派員協会（東京・有楽町）で、〝Karoshi & Compensation〟と題する記者会見を行った。Karoshiという日本特有の現象が、未だにトップ企業であるトヨタの本体において発生していることに、外国メディアの注目が集まったのである。

日本でのトヨタ過労死事件に関する報道が少ない実態について話が及ぶと、会場を埋

め尽くした数十人の外国特派員たちからは、「トヨタはメディアの沈黙をカネと換えているのか?」といった質問も投げかけられた。

それに対し内野さんは、「地元(愛知県)の新聞には、トヨタにとって良いニュースばかりが載ります。私が豊田労基署を相手取って提訴をした際の記事でも、トヨタではなく、〝名古屋の自動車メーカー〟と記述され、小さな扱いとなりました」と話し、巨額の広告宣伝費を背景にメディアを牛耳るトヨタの力について説明。過労死はまれなケースではないが、遺族に就職先の世話をするなどして、なるべく表に出さないようにしてきたことなどから、「表に出たのは、私たちが初めてでしょう」と話した。

実際、この判決や記者会見の様子は、CNN、英『エコノミスト』、ロイター、APなどが世界中に報じた大ニュースとなったが、日本国内の民放で、雑報扱いではなく特集としてしっかり報じたのは、大阪地区での毎日放送だけ。東京では「なかったこと」にされ、トヨタの広告圧力に抑え込まれた格好となった。

結局、2週間後の12月14日、国は控訴を断念し、判決は確定した。トヨタの常識だった「自主活動という名の無償労働」が、司法に否定された歴史的な判決だった。

外国人記者クラブでの会見“Karoshi & Compensation”の様子

翌2008年、トヨタは数ある活動の中で、QC（品質管理）サークル活動については、それまで月2時間の上限があった残業代を全額支払うことに決め、6月1日から実施した。内野さんが表に出て戦ったことの成果の1つといえる。本件は、ほぼ全ての新聞、NHK、民放各局が、大々的に報じた。

「カムリ」チーフエンジニアも過労死認定

その同じ月（2008年6月）の30日、豊田労働基準監督署が、もう1つの過労死を認定した。トヨタ自動車の製品企画室に勤務し、トヨタ新型「カムリ」ハイブリット車の開発責任者をしていたチーフエンジニアのAさん（当時45歳）が、２００６年1月2日、虚血性心疾患で亡くなった件だ。起きてこない父親の様子を見るため長女（当時12歳）が部屋に行くと、Aさんは蒲団の中で亡くなっていたのである。

亡くなる前の1年間で、1週間程度の北米出張は6回。北米内でも、さらに飛行機で移動することも多かった。少なくとも14時間はある日米の時差を考慮すれば、かなりの負担であったことが想像できる。

たび重なる北米出張に加え、時間外労働も続いていた。Aさんが亡くなる直前2カ月の時間外労働時間は平均80時間で、過労死ラインに達していた。判決では、長時間労働に加え、その年の3月から生産開始という目標のなかで、唯一の開発責任者であることから来る「精神的負担」も認定された。

社運をかけたハイブリッド車開発のために亡くなったAさんに対し、トヨタ自動車の渡辺捷昭社長（当時）からは、「生前のご功績をたたえ……」という感謝状が贈られたが、このように、社員が過労死していく職場は明らかに異常といえる。

北米の『カムリ』といえば、今回（２０１０年）の米国大規模リコール問題でも中心

感謝状

[redacted] 殿

あなたは　昭和五十七年に入社以来誠実に勤務し
当社の発展に寄与されました
この間　東富士第十二研究部　EV開発部
車両製品企画などにおいて　主にEV技術開発の
分野で活躍されました　なかでも東富士
第十二研究部においては　EVシステム設計・
構造設計やEV電気系評価などに熱意をもって
取り組まれ　EHV技術開発基盤の拡充に多大な
功績を残されました
また　車両製品企画ではエスティマHV・
RAV4-EVの開発に卓越した手腕を発揮
され　HV・EVの製品企画　車両開発に
尽力されました
近年は　新型カムリHVの開発　プロジェクト
推進のチーフエンジニアとして優れた指導力を
発揮され　世界に誇るトヨタハイブリッド車の
技術構築に大きく貢献されました
あなたの好奇心に溢れるエンジニア魂と何事にも
骨身を惜しまない人柄は　われわれの心から
敬服するところであります
ここにあなたの生前のご功績をたたえ　永年の
ご精励に対し　深く感謝の意を表します

平成十八年一月二日

トヨタ自動車株式会社
取締役社長　渡辺捷昭

過労死に対するトヨタ自動車・渡辺捷昭社長からの感謝状

となった車の1つだ。

報道によれば、2009年8月、カリフォルニア州在住の日本人女性が、『カムリ』運転中に急加速して沿道の樹木に衝突して亡くなり、遺族が2010年2月4日、損害賠償を求める訴訟を起こした。2009年12月には、テキサス州で、『カムリ』に乗っていた主婦が高速道路の中央分離帯に激突し死亡、遺族が損害賠償を求めて提訴している。遺族は「欠陥を認識していたのにユーザーへの十分な警告を怠った」と主張しているという。

Aさんが開発に携わった車と同じ型の『カムリ』かは不明だが、発売スケジュール最重視で、責任者が過労死するほどの異常な労働環境で開発されるのがトヨタ車の現実であり、そういった環境では品質に抜けが出てくるのも当然といえる。その結果、重大事故や大規模リコールでユーザーに迷惑をかけている。労働者を大事にしない会社は、ユーザーを大事にすることも同様にできないのだ。

スターリン時代のソ連と同じ

２００８年６月から残業代が支払われるようになった「ＱＣサークル活動」は、トヨタの様々な「賃金がつかない自主活動」のうちの、ごく一部に過ぎない。ほかにも、創意くふう提案、交通安全活動、ＥＸ（班長）会活動、社内弁論大会など、「全員参加とされたり、賞金等が交付されたり、人事考課の対象となるなどの点に照らし、業務と評価すべき」（内野裁判判決文より）に該当する業務の多くが、未だにサービス残業として行われ、断れば昇進に響く。

しかも、労働組合（トヨタ自動車労働組合）までが、これらを「自主活動」であると認め、会社の方針を支持してきた。そもそも、これら〝自主活動〟は裁判所が認めたように、明らかに業務なのであるから、定時の時間内に組み込むべきものだ。強制的で断れない長時間労働が続く限り、犠牲者は減らない。全員がワーカホリックになることを強い、嫌なら会社を辞めるしかない、というトヨタの人事システムが変わらない以上、今後も過労死は発生し続ける。

ＯＥＣＤ調査によると、日本の年間実労働時間はヨーロッパ諸国に比べ長く、ドイツより約３４０時間、フランスより約２３０時間も長い。日本企業の競争力の源泉の１つは、こうした命の犠牲を強いるほどの長時間労働にある。社員に休む権利を与えず過労死を続発させるトヨタは、その象徴的な存在である。

どうして過労死するほど働かねばならないのか？　というのが外国人記者たちからよく受ける質問である。答えは、それが当り前なのだという空気で職場が染められ、その空気のなかでは内野裁判における残業認定で明らかになったように、自主活動という名のもとに労働基準法すら無力となって異論が許されないからだ。いわば、思想統制が行き届いているのである。

本書の１２７頁で若月さんが、労働組合の役員を決める選挙が自由投票になっておらず、逆に会社への不穏分子をあぶりだす作業に利用されている実態を語っているが、16

歳（高校時代）からトヨタイズムを叩き込まれたトヨタ工業高等学園出身の労組委員長を頂点とする一枚岩の労働者集団のなかでは、「過労だから休みたい」「自主活動なのだから自分は参加しない」などと言い出したら、会社に協力的でない不穏分子とされてしまう。

この思想統制のすさまじさは、単行本発売後の社内からの反応でも実感した。取材に応じてくれた人からの連絡で分かったのだが、「まったく関係のない社員が、上司や周囲から、取材を受けたのではないかと疑われて責められ、体調を崩し、会社を休むほどになっている」というのだ。若月さんの言う「不穏分子のあぶり出し」が行われたのである。私は現役社員を300人以上取材してきたが、こんなことまでする会社は他に例がない。

私は「その社員は全く無関係です」と一筆書いてもよい、と伝えるほかなかった。先輩ジャーナリストに相談すると、「そのあぶり出しのやりかたは、粛清で有名なスターリン時代のソ連と同じだ」と言われた。トヨタの共産主義的な思想統制が、どれほど異常な世界かが分かるだろう。憲法で保障された言論の自由はトヨタではまったく認められないのである。

その後、その部署に在籍したこともある別の元社員を取材した際に、犯人捜しのカルチャーについて尋ねたことがある。「なぜ犯人捜しをするのかというと、その部署の担当が、章男さん（現社長）だからですよ。副社長になって、調達の担当になった。その腹心が「捜せ」と号令をかけます。腹心にしてみれば、章男さんから「俺、聞いてないぞ」と言われるのが一番困りますから」。つまり、スターリン＝創業家なのだ。トヨタにおける豊田家の力がよく分かるエピソードである。

国内での欠陥車体質を、そのまま世界展開

トヨタ車で58人死亡、苦情３３００件、リコール率１４２％！

単行本で大きく取り上げた国内のリコール問題（第３章）は、その後、何の反省もないまま、生産台数増とともにグローバル規模に拡大された。２００９年8月には、カリフォルニア州で警官と家族ら４人が乗った「レクサスＥＳ３５０」が暴走、時速１９０キロで他の車に衝突、全員が死亡するなど、悲惨な事故が続発。アクセルペダルがフロ

アマットに引っ掛かったのが原因と考えられ、トヨタは該当する車種をリコールしたうえで、生産・販売を停止した。

トヨタ車の急加速が原因とみられる事故で、米国道路交通安全局（NHTSA）に報告された死亡者数は58人に達し、急加速に関する苦情は3300件を突破（3月3日付『共同通信』より）。豊田章男社長が議会に呼び出され、謝罪する事態に至ったのはご存じの通りだ。米運輸省は4月5日、アクセルペダルの不具合を把握しながら当局へ報告を4カ月以上怠ったトヨタの「欠陥隠し」に対して、法律の上限にあたる1637万5千ドル（15億4千万円、過去最高額）の制裁金を科すと発表した。

トヨタ自動車の発表によると、2月2日時点で、2009年秋に発覚したフロアマット問題と、2010年1月以降に公表したアクセルペダルの不具合によるリコール対象車数について、それぞれ575万台、445万台となり、延べ1020万台（重複を除くと810万台）にも達した。同時期、つまり2010年3月期のトヨタグループ世界販売台数見通し（718万台）を大幅に上回り、実にリコール率142％にもなる。

既に国内でも100％超を2年連続で記録し、2004〜2006年の平均でも「欠陥車率99%」(158ページ参照)に達していたため、なんら驚くことではない。トヨタ自身も、なぜこれほど米国で騒がれるのか、というのが正直なところではないか。それは、対応が後手に回って被害を拡大させ、現在、賠償総額数千億円~1兆円ともいわれる集団訴訟が検討されている、この間の経緯からも明白だ。豊田章男社長自身、会見で「後手後手と映ったのは残念」などと述べ、世間とトヨタの認識のずれを認めている(2月9日)。

残念ながら、これが人命(社員やユーザー)や品質に対するトヨタ側の正直な感覚である。トヨタは、内野さんや若月さんをはじめとする現場の悲鳴や我々の指摘など見向きもせず、そのまま世界規模に問題を拡大させた。そして死亡事故の多発という、より悲惨な結果をともなう形で、手痛いしっぺ返しを受けた。

日韓の驚くべき反応の差

米国でのリコール問題の拡大を受け、その予兆を2年前から警告していた本書(単行本『トヨタの闇』)に注目が集まり、英国の老舗新聞『TIMES』、仏の時事週刊誌『フィガロ』をはじめ、各国メディアの記者が我々のところに取材にやってきた(日本のメディアは自らの「報道しなかった罪」を認識しているので、1社もやってこなかった)。

とりわけ、これまでトヨタ生産システムを手本とし、トヨタの合理主義経営を目標としてきたお隣の韓国では注目度が高く、2010年2月下旬に翻訳版が発売された。本の帯を翻訳してもらった文言は、下記のとおりだ。

(表)
トヨタの暗い未来を正確に予言した本!
それでは我が企業はどうなのか?
トヨタの闇からその答えを模索する

(裏)
トヨタは本当に優良企業なのか?
トヨタが変われば日本が変わる?
一般人の眼にはキャッチできないトヨタの影を通じて、
私たちは果たして何を学べるのか?

著者インタビューにやってきたメディアは、テレビ『ＫＢＳ』『ＭＢＣ』、新聞『韓国日報』『ソウル新聞』、経済誌『エコノミスト』、ニュースサイト『JPNews』、さらに韓国で一番有名な時事ラジオ番組だという『ソン・ソクヒの視線集中』。

民放最大手のＭＢＣは、取材チームを2週間も日本に派遣。愛知県だけでなく、熊本での重傷事故の被害者を探しに現地で聞き込みまで行い、『カムリ』開発者の過労死事件が発生した東富士研究所（静岡県裾野市）にも取材に赴くなど、徹底取材によるドキュメンタリー番組を作るのだという。

韓国語版『トヨタの闇』

トヨタは日本の会社なのに、日本のメディアによる調査報道はほぼゼロで、韓国メディアのほうが明らかに熱が入っていることの意味は重大だ。

ＫＢＳ（韓国放送公社）は日本におけるＮＨＫ的存在で、『ＮＨＫスペシャル』と同じく看板番組の『ＫＢＳスペシャル』でトヨタ問題の特集を組む、ということでインタビューを受けた。日本で『Nスペ』がトヨタ問題を調査報道することはありえないし、広告収入比率が高い民放や新聞はさらに無理だ。韓国メディアの人たちにトヨタ報道をどう見ているかを聞くと、「日本に比べ、韓国の記者のほうがジャーナズムで戦う人が多い、という印象がある」と話していた。

韓国版『トヨタの闇』翻訳者で、日韓双方のマスコミ事情に詳しい『JPNews』朴哲鉉記者が解説する。

「日本でのトヨタは、韓国でのサムスン電子の扱いと似ている。それでも、韓国のジャーナリストは新聞には書けなくても、ブログなどではサムスンと分かるように書いてしまいます。日本では、直嶋正行・経済産業大臣の秘書2人がトヨタから派遣されたトヨタの正社員で、トヨタ労組専従員として年間で計1200万円超の給与提供まで受けていても（MyNewsJapan２０１０年2月23日記事）、マスコミは何も書かない。韓国で大臣の秘書の給与を自動車メーカーやその労組が出していたことが分かったら、大スキャンダル間違いなしです。」

メディア対応ができない田舎企業

韓国メディアは、トヨタ自動車に対しても取材を申し込んだが、断られたという。
「この事態に及んでも、トヨタは一切、取材を受けないんです。英国BBCの記者も、かなり怒っていましたよ。海外メディアの取材を、全て受けない姿勢なんです。当然、トヨタの言い分は伝えられないのでトヨタにとって不利な番組になるのに、そういうことも分かっていないようです」(KBS記者)

仏『フィガロ』の取材チームも困っていた。「フランスのトヨタ現地法人にもお願いしたのですが、会社も労組も、全然ご協力いただけない。日本でも丁寧に断られました」と言って、私のところにやってきた。トヨタには、企業には社会に対して説明責任がある、という感覚が完全に欠落しているのは間違いない。トヨタの辞書に情報公開という文字はないのである。

第1章で述べたとおり、トヨタは国内では、巨額の広告宣伝費を口止め料的に使い、自由自在にメディアをコントロールしてきた。奥田碩相談役が2008年11月、テレビ報道を批判し、「マスコミに報復してやろうか。スポンサーを降りるとか」と口を滑らせてしまった事件は有名だ。

国内では都合のよいPR情報だけをマスコミに書かせ、その手法が通用しない海外のジャーナリストの取材は受けない、というご都合主義。逆に言えば、日本のマスコミがトヨタのそういうやり方を甘んじて許してきた、戦ってこなかった、と言うこともできる。

トヨタとマスコミの関係について、朝日新聞でトヨタ報道に関与していた記者に、話を聞く機会があった。

「トヨタは、メディアを選別するんです。よく知っている、気に入ったメディアにしか、対応しません。会社側だけでなく、労働組合も全く同じで、外国メディアが来ても答えません。受ける場合も、まず広報部が企画案を出させて厳しくチェックする。「トヨタの光と影」のような連載企画を出したときも、海外取材までしたのに、掲載された記事は、ほとんど「光」だらけになってしまった。たとえば海外進出で「文化の衝突を起こしている」という話を書くと、「文化の違いを乗り越え克服している」という内容に、最後はなってしまう。」

やはり、ジャーナリズムは資本の論理の前では無力なのか、と思わざるを得ない。リコール問題拡大の責任の一端は、トヨタにモノを言えない大メディア企業にあるのは間違いない。

「熊本の事件の処理が成功体験になっているんです。本社に家宅捜索が入ったら、本来はウチでも一面トップです。でも、確かに当時は報道していない。会社として、ある時点で「トヨタとはケンカしない」と意思決定してるとしか思えないんです。結果、トヨタは批判慣れしていないから大きな勘違いをして、一国の大統領並みの態度になっている。熊本の事件の反省もみられない。だから今回の米国議会のように、外圧をかけてもらうしか、トヨタが変わる道はないんです。」

国内外のジャーナリズムの意見を聞く姿勢がまったく見られない自己中心主義は、CSR（企業の社会的責任）が重視されるなか、グローバル企業としては全く不適格だ。メディア対応ができない三河の田舎企業のまま、急激に世界的な規模の拡大だけを急いでしまい、綻びが出て右往左往しているトヨタの姿が、くっきりと浮かび上がる。

元社員が語る、知ってる範囲で〝戦死者〟8人の異常

辞めた理由「先輩が幸せそうに見えなくなった」

トヨタにとっては、メディアの指摘以上に、社内外を経験した元社員による提言は貴重なはずである。単行本の反響として、元社員から有力な取材協力を得ることができた。トヨタ自動車で20年以上働き、数年前、働き盛りの40代で退職した元社員が、「自分が長年過ごした企業に、より良くなって欲しい、その為にはマスコミの役割も必要だ」との理由から、取材に応じることを申し出てくれた（2008年2月）。

――トヨタを辞めた理由は？

第一の理由として、尊敬する先輩もいたのですが、その先輩たちが、幸せそうに見えなくなった。たとえば基幹職だと、築50年ほどの独身寮の部屋を2つくっつけて改造した部屋をあてがわれる。とても住めるものではないです。キッチンもないから、『メグリア』（40ページ参照）でパンを買って食べるわけですよ。ああいう生活は幸せとは思え

ない。自分も独身寮に入っていましたが、ぜひ見に行ってみてください。

第二の理由としては封建的なカルチャー。中央集権で、重要なことはすべて、6～7人いる副社長が社長にお伺いを立てる『副社長会』という決定機関で決めている。その下は、各副社長をトップとしたピラミッド組織です。2万個の部品が必要だから、地方分権できない事情もある。自分が入社したとき、社員6万7千～6万8千人で年340万～350万台でしたが、今では1千万台をうかがう勢いです（2007年度実績で単体で868万台を生産）。社員数はほとんど増えていないのに、3倍近くになっている。

そうなると、車を作ってもらうための社内政治が始まって、社内向け活動がどんどん増える。8割は内を向いてないとダメ。規模が拡大しても権限委譲をしないから、なんでもかんでも副社長会にかける。社員はそのための会議資料作成などに追われる。

章男さんはGAZOO事業（ユーザに対しITによるアフターサービス機能の充実を目指しGAZOO.comを展開）や中国事業を担当していた。章男さんが担当しているときだけは周りが何とか持たせるのですが、いなくなるとダメ。中国など、真っ赤っかの赤字です。創業家の意向はとにかく絶大。10年ほど前は、章一郎さんが個別車種の担当者に、世界のこの地域でこれを売りたい、と指示をすると、それを受けて現場に、何台売れる見通しを示す報告書を作れ、と指示が来ていました。

＊今回のリコール問題では、米国でのリコール届出も現地に権限が全くないことが米国議会で証言され、中央集権が問題視された。

三つめの理由は、人事評価に不満だったこと。言ったことは全て達成してきたのに、課長になれなかった。これはどういう意味かというと、上級専門職への昇格（55ページのキャリアパス図参照）は、入社9年目が最速の「特選」。2～3年遅れで、ほぼみんななれる。10年目が「一選」、11年目が「二選」、12年目が「三選」で、そのあとは「復活枠」となる。

その上の基幹職への昇格は、特選だと15年目です。そして同じく、一選、二選、三選と続く。つまり18年目までに基幹職になれないと、復活枠しかなくなる。

復活枠というのは、各部門で年に1人とかです。1400～1500人いて1人だけだから、ほぼ絶望的になる。つまり、4年の間に昇格できなければ塩漬けになる仕組みです。毎年、1月1日付で昇格者が発表され、各自の机に紙が撒かれるから、誰が昇格したかも共有されます。

——人事評価で重要となる要素は何ですか？

僕が入社9年目に特選で上級専門職になれなかった理由は、明確なんです。ある日、部長が、当日になって思いついたように20時から会議をやる、と言い出した。メンバーは部長、次長、課長、そして自分。20時ですよ⁉ 自分は予定が既にあったので、最初の三〇分だけ出て自分の意見を述べて帰った。その後、突然、評価を悪くつけられるようになったんです。恣意的な人事でしょう？

昇格するには、上司の推薦を経て、妥当か否かを人事部も含めた成績査定会議で決めます。だから、部長とウマが合うかが重要。レーダーチャートでいうと、バランスがよくて円に近い人が一番損をしない。出世の秘訣は、市場や顧客よりも、とにかく社内を見ること。要するに、たとえばヨーロッパ担当の人なら、北米担当の人よりも高く評価されることが重要です。

——どんなタイプの社員が多いですか？

いろんな意味でまじめ。役人的にまじめ、営業にまじめ……。残っている人は、小役人みたいなタイプが多いです。出て行く人もいて、楽天のナンバー2として巨額の契約金でヘッドハンティングされた武田和徳氏が有名ですが、課長からユニクロの国内営業本部長に転職していった人も知っています。

――経営層まで昇格する人は？　北米トヨタの大高英昭（元）社長は、部下から訴えられていましたが（222ページ参照）。

大高さんについては、セクハラの事実関係は分かりません。ただ、直属の秘書の評判が悪かったのは確か。訴訟になったとき、直属の秘書から「いい気味よ、ざまあみろ」という趣旨のメールが私のところに来ましたから。いろんなうっぷんが溜まっていたのでしょう。

その秘書によると、会社の業務とは関係がない個人宛の年賀状を1千枚も手書きで書かされたことがあるそうです。個人として本も出していますが（『ソクラテス半世紀の軌跡』）、部下2人に手伝わせて対価を1円も払わなかったといいます。つまり、公私混同が激しい人です。

大高さんは、かつて中近東の担当をしていた。サウジに『ジャミール』というガススタンドがあって、トヨタの代理店を始めて大財閥に成長したんです。ジャミールは章一郎さんのお気に入りで、熱海のゲストハウスにジャミールの人たちを呼んでパーティーをやることになり、当初は章一郎さんも出席の予定でした。

でも、章一郎さんの具合が悪くなったら、大高さんが、自分も行けなくなった、と言ってきた。それで直前になって、やっぱり章一郎さんが来ることになったら、大高さんも来る、と言い出した。そこで、急遽、熱海に下見に行ったんです。私は、章一郎さんが歩く予定の道に転がっている石まで、這いつくばって調べさせられました。そういう人です。

30年勤めないと損する退職金制度

――上層部に昇格できなくても、勤め上げれば、それなりの待遇は保証される？

結局、愛知にいると、誰よりもいい生活をしているから、労組も、ボーナス据え置きでも反対しない。東京本社のほうは党内野党みたいな存在で、世間のバランスを知っている人もいた。労組でも、東京の支部だけは据え置き反対で出したりする。でも、それが名古屋への拠点集約（41ページ参照）によって、名古屋に取り込まれた。売れるものを作る、から、作ったものを無理やり売る、になってきています。

待遇面では、終身雇用を前提に社員に報いる仕組み。だから、自己都合退職の場合、不利です。トヨタの退職金制度を教えましょう。毎年、持ち点が80点ある。これは80万円だと思っていい。22歳から60歳まで勤め上げると、80×38=3040万円。これが基本的な、最低限の退職金。これに退職賞与が加算され、たとえば基幹職3級に昇格した人は300万円ゲタをはかされ、さらに2級、1級と昇格すると、プラスされていく仕組みです。だから、勤め上げれば、3200~3300万円が普通です。自己都合退職の減額率は図（左ページ）のようになっていて、入社20年では減額率50％になって800万円だけになってしまう。30年勤めると減額率がゼロになり、満額もらえます。30年勤めないと減らされてしまう、という仕組みです。

——仕事の魅力は、やはり規模の大きさですか？

入社1年目から、担当の範囲内では、どこへでも行けます。発展途上の国を担当できれば、特にチャンスがある。世界を見たい人にとっては、いい会社。私の時代は、新入社員でも飛行機はビジネスクラス、部長もビジネスクラス。役員以上はファースト。自分もマイルをためてファーストに乗ったこともあるし、トヨタの看板で一国の大統領に会ったこともある。技術系でも、工場1つ立ち上げるときには膨大な人数が現地に行くから、チャンスは多い。だから、英語はできないとダメ。

　たとえば文系で調達部門なら、1人で100社以上、100億円以上の調達額を担当できるし、本来のジャスト・イン・タイム（JIT）のノウハウなども学べます。生産計画を作って事前に部品メーカーに知らせることが重要なのに、生産計画なしの間違ったJITをやっている会社も、世間には多いです。

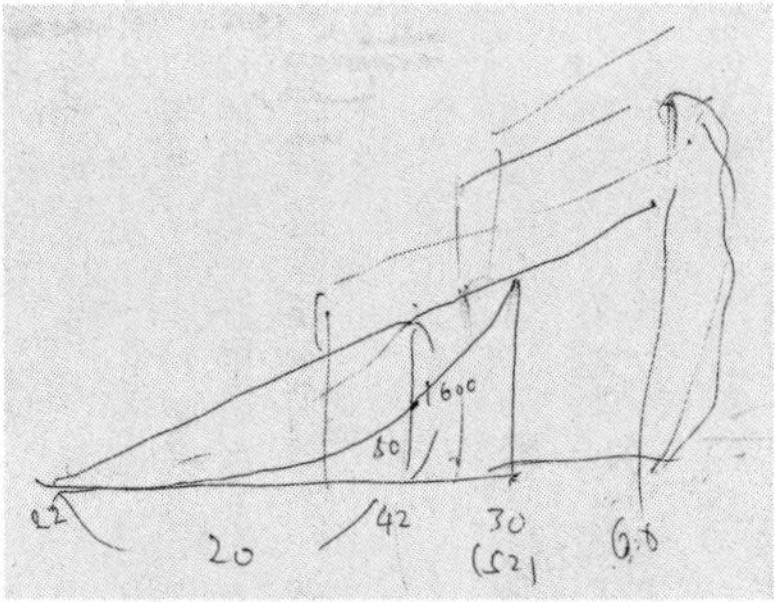

横軸は年齢。元社員による説明図

――海外でも、日本と同様の教育が行われている？

　海外から日本に帰ってくると、やっぱり驚く。国内で社員に質問すると、PDCA（Plan-Do-Check-Action）で答えが返ってくるんです。つまり、今はこうなっているが、こういうカイゼンが進行中で、いつまでにこうなります、と。海外は、まだそこまでのカルチャーにはできていない。日本語を標準語にしようとする動きもあって、2005年前後に世界中で品質ナンバーワンになったトルコの工場に視察に行くと、トルコ人が日本語で説明をするんです。あれは違和感がありました。

——最近のリコール激増（国内）の原因を、どう見ていますか？

規模の拡大が早過ぎて、人が足りていない。特に、設計がアキレス腱です。自動車用の試験装置を作る明電舎、技術者を派遣するメイテックも、もうトヨタ向けに働く人がいない、と。

トヨタには3つの経営計画があるんです。

①グロマスと呼ばれる「グローバルマスタープラン」。5年先までの販売・生産計画。

②年計。3年先まで。これは半年に1度、モデル単位、月単位で出す。これを分解して、部品メーカーに出す。

③3カ月計画。毎月のオーダーをとって3カ月分の内示を出す。世界中の工場の分を、豊田市の本社で作っています。3カ月前に確定し、毎日の生産台数が出る。だが、実際には100のうち90かもしれない、カンバン方式で必要な分しか要らないから。そういうときは、金銭保障をする仕組みになっています。

この「グロマス」は毎年つくって更新するのですが、5年で300万台も増やすという急拡大の計画になっていて、明らかにおかしい。下請けも含めて、人員がついて行けない。ここ1、2年は特にひどいです。本社にずっといると、外が見えないんだと思う。

告別式で「昇格をお知らせします」

――生活面についてお聞きします。本の中では過労死や自殺の事例を報告していますが、実際、仕事上のストレスや労働環境は？

自分は4〜5回、円形脱毛症になりました。スピードが早い割に、無駄なことに時間を使わされる。直前まで情報収集するし、車のモデル数も多い。いい加減な注文を打って車両の数が足りなかったりすると、現地から日本の責任者にクレームがきてしまうから、気を抜けない。本に書いてあったトイレで自殺した社員の件は、私も聞きましたよ。

「葬式行く？」ってメール来ましたから……。

その前の話になりますが、会社を辞めてから豊田市に行ってメールボックスを開けたら、同期が亡くなっていて、今夜が通夜で明日が告別式だ、という連絡が来ていた。亡くなったのは、人事部の基幹職3級で、本に出ていた、朝の挨拶を指導する立場にいた人です（54ページ参照）。朝5時に、車に乗って行きました。告別式では、宮崎という人事部長が「2級への昇格をお知らせします」と挨拶していた。そこで言う話か？　と思いましたよ。退職金の算定などで有利になるから、誠意を見せたのでしょうけど……。

＊亡くなった内野さんの通夜の日にも、退職金のことを妻に突然言いに来た人事部員の話が出てくる（110ページ参照）。〝戦死者〟に対して、機械的に処理していく非人間的なトヨタのカルチャーがよく表れている。

同じ年の夏、自分より10歳くらい若い30代半ばの人が、急性脳梗塞で独身寮で倒れて、半身不随になってしまったので、見舞いに行ってきました。「だからあんなに働くな、って言っただろ」って言いましたよ。また、私が知っている、ある海外部門の部署では、現在、40人中、6人が過労で会社を休んでいます。

古い話をすると、89～90年ごろのバブル期、1カ月の間に同時に起こったのでよく覚えているのですが、3人が亡くなった。①明知工場（愛知県みよし市）で、石を粉砕し砂を作る機械に人が巻き込まれて、ミンチになってしまった。社内報には過労のため、とだけ出ていました。②技術部の建物増築で、工事部の人が転落して、鉄筋に刺さって亡くなった。③高岡工場（豊田市）の2階で、フォークリフトで作業していて、1階にフォークリフトごと転落して亡くなった。人が足りないから仕事をし過ぎる状況は、今に似ています。

その後、１９９４年、円高で業績が厳しかったときです。私の知っている範囲で、半年の間に、43歳の社員が２人、35歳の社員が１人、亡くなりました。35歳の人は海外企画部で、過労でした。そのとき、渡辺捷昭さん（前社長）がコーラス部で、追悼の歌を歌ったのをよく覚えています。

自分が知っているのは、せいぜい１０００人くらいの範囲。全体では、単体の社員数で７万人強います。70分の１で、こういうことが起こっているのだから異常です。

自分は海外勤務も経験しています。イスラム教の国では、ラマダンに合わせて勤務時間や休日を設定します。彼らによく言っていたんです。「日本のトヨタは、オンもオフもない宗教なんだ。おまえらイスラム教で、俺たちトヨタ教。トヨタ生産方式の教義は、絶え間なきカイゼンにある。だから、誰も幸せになれない。常に、自己否定を続けなきゃならないんだからな」

確かに、今では三六協定に引っかからないように組合員は三六協定遵守になり、物理的に時間管理もするようになりました（43ページ参照）。そのかわり一番大変になったのが、時間管理の対象外になる管理職（基幹職）の一番下の人たちです。年度末の2～3月は、組合員の残業をゼロにするため、無理矢理帰らされる社員が増え、その分、基幹職が徹夜でやっている。基幹職3級の人が、特に大変です。

なんと、たった1人のインタビューで、8人もの〝戦死者〟の話が次々と出てきた。単純に70倍すると、560人にもなる。国はこの会社の労務管理や過労死・過労自殺の実態について、本格調査すべきだろう。

「社員に知らされない裏評価」の実際

社員や元社員の話を補足する意味で、会社側の視点もお伝えする。以下は、海外経験や人事部門でのキャリアも長い広報部グループ長クラスから聞いた話で、ようは大本営発表なのであるが、かなり本音で話してくれた印象があった。

――（55ページの図を見せて）トヨタのキャリアパスと報酬水準は、これで合っていますか？

給与テーブルがいくらかは、人事秘ですので、公表していません。低いわけではないのだから、というお話ですが、報いてあげられる人の数が限られているので、多めに貰えない人をモチベートすることを考えると、微妙なところです。自動車産業というのは、スーパースターが1人いて、その人の力で引っ張れる産業ではないんです。部品点数が多いので、販売も製造も力を合わせて、チームでやらないといけない。

どの会社でもそうですが、デキる人は2割として、残りの8割の人たちをモチベートして仕事をさせることが大事なんです。デキる人についても、お金のことを考えたら、ほかにもっと高い給与の仕事はたくさんありますから、公表するメリットがない。

——同期のうち最低でも3割は上級専門職どまりにして管理職（基幹職）に昇格させない、と聞いていますが？

お伝えできるのは、基幹職の1等級と2等級については、絶対値管理をしている、ということだけです。昇格のプロセスについては、「2WAYコミュニケーションシート」という目標管理シートに基づき、4月に目標を決め、9月に中間レビューし、翌年4月に前年の評価決定とその年の目標を決めている。それとは別に、毎年12月に「職能考課」が行われます。これはSABC（上級専門職以下はABC）が裏で付けられるもので、社員は自分の評価結果を知ることはできません。

職能考課でA以上がついている人に対して、所属する部の部長が、人事部に対して、昇格申請できます。申請された人について、人事部が調査をして、最終的な昇格者を決めます。人事は、部署からの申請だけでは信じません。昇格のテーブルに載ってきた人について、部長から参照先の人を聞いて、評価を聞いて回ります。また、関係部署にも聞いて回ります。

「100％出来た、という社員はダメ」

――やはり、部長の権限が強いんですね。

部長による評価が低いと、昇格申請もされません。なので、日々の業務における部長との関係は重要ですが、それ以外にも、「専門職」「上級専門職」「基幹職」と昇格するごとに研修があり、必ず部長の前で発表をするので、ここで目立って部長に印象づけられるかどうかも、その後の昇格に確実に影響してきます。部長をどれだけ味方につけられるか、が重要です。

ほかに昇格で重要となるのが、「人事懇」です。上級専門職への昇格の数年前（8、9年目）に、ぼやかして実施するのですが、人事部員と、対象となる年次の全社員との面談をやります。この面談の評価をメモっておいて、それが昇格に確実に影響してきます。我々は、成果評価ではなく、プロセス評価を重視しています。だから、100%出来たというのはむしろダメで、どこがまだ不足しているのか、何がまだ出来ていないのかを知っていることが、トヨタのデキる社員です。だから、全部◎の自己申告を出してくる人は、ダメなんです。

妙に説得力があった。ぜんぶ出来ました、よりも、何が出来ていないのかを知っている人が、トヨタ流のデキる社員として評価が高いという。絶え間なきカイゼンを教義とする「トヨタ教」は人事評価システムにもしっかり組み込まれている。常に前年比で100%をどれだけ越える結果を残したかで個人評価する外資とは、全く違う。

ただ、トヨタの年功序列・終身雇用を前提とした人事評価制度は、2002年に組合員にも成果主義を導入した本田技研工業や、「ゴーン改革」で数値化されたコミットメント管理による成果主義を導入した日産自動車と比べ、圧倒的に硬直的で柔軟性がなく、環境変化に弱い。実際、リーマンショック後にトヨタは赤字転落したが、ホンダは黒字を維持している。

近く到来すると予想される電気自動車時代には、トヨタグループと下請けで構成してきた高コストな垂直統合モデルを維持できるとは考えにくく、パソコンのように世界の最適地から高品質で最安値の部品を調達して組み合わせる水平分業モデルが勝つ可能性が高い。私は、トヨタのアナログ的なノウハウとそれを支える終身雇用の人事管理制度は、早晩、競争力を失うと見ている。

現状では、管理職になれなくても年功序列で最後には年収1千万円を全社員に与える仕組みになっており、退職金も30年働いてはじめて満額を貰える。つまり、終身雇用がモチベーションとなっている。だが、環境問題対応などで自動車業界が変化を迫られるなか、今の若い世代が、今の50代が享受してきた待遇を得られる可能性は極めて低く、10年以内に生き残りをかけたリストラが開始されると考えておいたほうがよい。

「お客さまの視点」カイゼンなし

米国でのリコール問題を受け、豊田章男社長が、今後は消費者による苦情など「お客さまの視点を入れていく」と何度も語ったのが印象的だった。なにしろ、「消費者」や「お客さま」という言葉は、これまでのトヨタの辞書にはない言葉であり、もっとも軽視されてきた視点だからだ。

何か少しでも消費者の視点でのカイゼンが行われたのか、本当に苦情を聞き入れる姿勢があるのか、を確かめるため、「お客様相談センター」に、元トヨタリコール車ユーザーの1人として、3年ぶりに電話してみた（2010年3月24日）。

——私は重傷事故を引き起こしたハイラックスと同型のリコール車に乗っていた者です。2007年の6月時点で、16万台も修理されずに放置されていましたが、これは現時点でどのくらい改善の実施が進んでいますか？　豊田社長が顧客の視点を入れていく、と明言していたものですから、もしかしたら対応していただけるかと思いまして。

「少しお待ち下さい、確認いたします。（しばらくして）改修率は公開していないようです」

——どうしてですか？　安全に関わる最も重要な情報ですよね、実際に重傷事故を引き起こしてるわけですから。理由を教えてください。

「はい、少々お待ち下さい」

ここで、最初に出た女性から、Kさんという男性に代わった。

「さきほど申したとおり、実施率は公開しておりません」

——公開しない理由のほうを尋ねています。社長がリコール問題を受けて顧客の視点を取り入れると言っているのですから、顧客が求める安全情報を公開しないのは、おかしいのでは？

「ご案内できる情報は、ございません。理由もお伝えできません」

国交省のほうを向いて、顧客のほうを向いていない

——では、今回の事件を受けて、消費者向けに、何かここが変わった、と言えることは1つでもありませんか。お客様相談センターだから、顧客対応の最前線で、一番ご存じのはずですよね？

「現在、「ここが」と、ご案内できる情報はございません」

――国交省に3カ月ごとに提出しているリコールの改善実施進捗データを、消費者に公開するつもりはないのでしょうか？　国交省のほうを向いていて、顧客のほうを全く向いていないと感じます。もっとも安全に関わる情報じゃないですか。ハンドルが利かなくなるということでリコールになった車ですから、歩道に突っ込んでくる可能性がありますよね？

「個々に公開することはしておりません。おっしゃっていることは、理解できますが」

――個々ではなくて、全員に公開すべきだと言ってるんです、ウェブ上で。ほかの危険車の名前も教えてほしいのです。つまり、リコールの改善実施率が低い車種を知りたいのですが。

「現状では、公開できる情報はございません」

普通は、ご意見を担当部署に伝えます、くらいは言うものだが、一切、自分たちのやり方は変えない、というスタンスがいかにも傲慢で自己中心的なトヨタらしい、と思った。これでは、単なる〝ガス抜きセンター〟だ。相変わらず、消費者軽視の姿勢である。

――トヨタにとってはチャンスのはずですよ。ここで安全に関わる情報を他社に先駆けてすべて公開したら、トヨタは信頼を回復できる。なぜ国交省に出している程度のリコール情報を、消費者には隠すのですか？

「おっしゃることは理解はできますが、ご案内できる情報はございません」

――社長の決意や言動を無視した発言で、とても社員の対応とは思えません。下請け会社か、派遣社員のかたではないですか？　トヨタの正社員ではないでしょう。所属を教えてください。

「社員です。いや、社員をやっておりました、元社員です」

――嘱託さんですね。ようするに定年退職して、再雇用された、と。

「はい」

――顧客対応には現役の社員は必要ない、という姿勢ですか。顧客軽視であることが、よく分かります。もう引退してるから、会社の未来を考えた応対をする必要がないわけですよね。だから、事なかれ主義な対応になるんだと思いますが。

「そういうご意見あったことは、伝えます」

おおむね予想通りとはいえ、不愉快な対応だった。私に欠陥車を売りつけ、リコールがこれだけ国際問題になっていながら、3年前と同じゼロ回答なのである。豊田章男社長が口先だけの人物で、一切、現場に指示もしていなければ行動もしていないことが、良く分かった。「ここが変わったと言えるものはない」と明言されてしまったのだから。

「マスコミ向けにですか？」に唖然

不愉快ながら、一応、広報部の話も聞くことにした。翌日、同じこと（安全情報の公開について）を尋ねると、Sという女性が出て、まず、「マスコミ向けにですか？」とトンチンカンなことを言い出した。マスコミにだけ出して消費者には出さない情報など、あってよいわけがないだろう。もう、この発想が顧客軽視の典型で、終わっている。トヨタの広報には、マスコミなら管理できる、という発想が染み付いているのである。

次に、ヨコイと名乗る男性広報部員に替わった。

——重傷事故を起こしたハイラックスの件ですが、これはその後、どのくらい改善実施が進んだのか、どうして開示しないのか。改修が進んでないからでしょう。道を歩いてたらハイラックスがハンドルきかなくなって突っ込んでくるかもしれないので、開示して注意を呼びかけないといけないですよね？

「ご意見としては分かりますが、公開することは考えていません」

そして、お客様相談センターとほぼ同じ、事なかれで無意味な「お役所答弁」が続くのだった。ようは、国交省に出しているリコール関連情報は消費者に開示する予定はない、それ以外の不具合やクレーム情報なども今までどおり非公開だし、情報公開については議論もしていない、現時点では何も新しい取り組みは決まっていない、と「やる気なし発言」が繰り返されただけ。３年前の国交省リコール対策室とのやりとり（１４９ページ参照）を思い出した。役人と同じ発想なのである。

唯一、情報公開以外で「品質管理について外部の専門家の意見を聞く仕組みを作る予定はあります」と、既に米公聴会にて発表済みの話を述べたが、これは、トヨタが都合のよい御用学者らを選んで、都合のよいことを言わせるだけの典型的なアリバイ作りとなることが容易に予想でき、機能する可能性はほとんどない。それは、前述したメディアを選別する行動様式を見れば明らかだ。

トヨタがやるべきことは簡単で、クレーム情報やリコール改善実施率を自ら完全公開し、安全に関わる情報については消費者にすべてを開示し、消費者が自ら判断できるようにすること。それが信頼回復につながる。トヨタは、全く反省しないまま、顧客や消費者の視点が欠落したまま、吹き荒れる嵐が過ぎ去るのを待っているように見える。また同じ問題を繰り返すだけだな、と実感した。

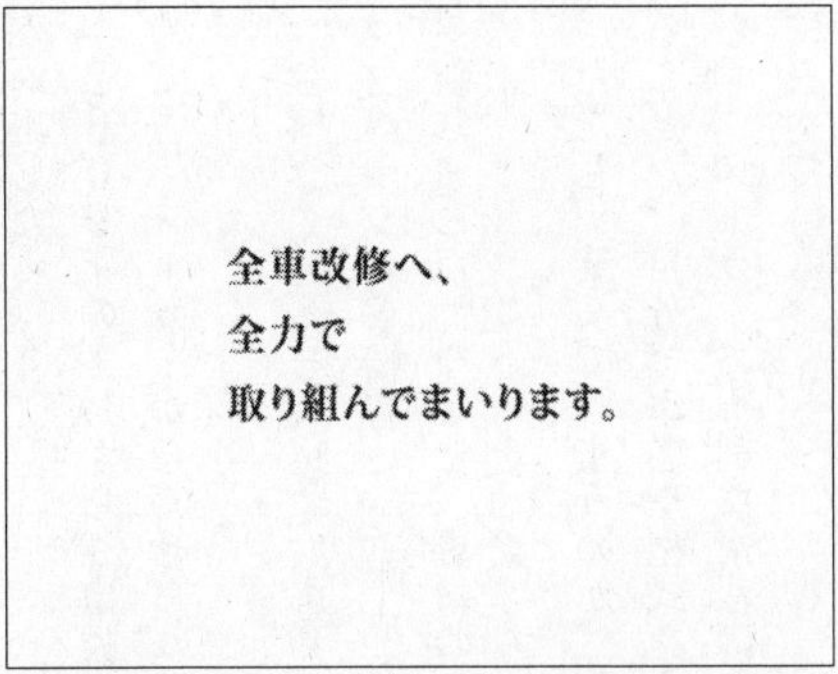

トヨタはお詫びCMを流したが、その内容は一時しのぎの表面的なもので、行動はともなっていない。「全車改修」と言いながら、未だ重傷事故車「ハイラックス」の改修が進んでいないため、改修率の公表すら拒んでいるのが実態である。

役人に取り込まれた前原大臣

前原誠司国土交通大臣が「リコール制度を見直す」と発言した国交省の「リコール対策室」にも、一応、尋ねることにした。もちろん最初から期待はしていない。

――3年ぶりにお尋ねしますが、この3年間で行政当局としてリコール関連の情報公開は進みましたか？　サイトを見る限りでは、何も変わっていないようですが。

リコール情報の担当だというスガイさん

が対応した。

「2009年の1月から、事故や火災の部分が公表になりました。これは通達によるものです。メーカーから寄せられている情報を載せています」

さっそくアクセスしてみると、「自動車のリコール・不具合情報」というサイトのトップページ新着情報に、「平成21年11月30日　自動車の不具合による事故・火災情報を更新しました」などと、更新のお知らせが出ている。

ただし、笑ってしまうのが、何が更新されたのかという肝心の情報が秘密になっていることだ。自分で車名や型式を入力し検索してはじめて情報が出てくる仕組み。相変わらず、メーカーに不利な情報はなるべく隠すという、企業利益第一の発想に基づく設計になっている。

——これでは、ピンポイントで特定の車名を入れて検索しないと情報が出てこない。事故や火災を発生させている車名やメーカー名はどこなのか、その最新情報や、メーカー別の集計結果が分からないと意味がない。定期的にこのサイトを見て検索する人なんて、いないと思うんですが。

「はい……。ただ、ユーザーが見たいと思ったときに見られないといけないので、自分から見にくれれば、調べられる仕組みにはなっています」

――安全情報を、今よりも開示するつもりはないのですか？　たとえば3カ月ごとのリコール車の改善実施率とか、事故・火災以外のクレーム情報、クレーム件数のメーカー別データとか。

「ないと思います」

――国交省に出した情報が国民には開示されないのは、監督官庁とメーカーの馴れ合いだと思いますが。

「我々も、メーカーから提出された情報をもとに、監査はしている。道路運送車両法第六十三条の四に基づいて、無通告で大きなメーカーには毎年、必ず立ち入り検査に行って、改善対策を放置している案件がないか、指摘しています。先方の業務の支障にならない範囲で。その結果については、公開はされませんが」

――国が監視するんじゃなくて、国民や消費者が監視できるように情報を公開すべきです。実際、ハイラックスのように重傷事故を起こした車の改善実施率が50％だということが公開されれば、トヨタも責任を問われるから、必死に改修を進めますよ。ウェブサイトにそのまま載せるだけなんだから、1円もコストがかからないのに、どうしてやらないのか。

「古い車のリコールだと、どうしても改善実施率が下がってきます。実際、その車が解体されていれば、改修の必要もないわけですし……」

――それも含めて、情報が公開されて低い理由も説明されれば、国民は安心できますよね。当局だけが情報を囲い込むのがおかしい。

「ああ、なるほど、要望としては、お受けします」

政権交代後も、何も変わっていなかった。「業務の支障にならない範囲で」監査している、という発言からも、メーカーの利益を国民の安全よりも重視する姿勢が染み付いているな、と感じた。

前原大臣が会見（2010年2月23日）で述べたリコール制度見直しのポイントは、「メーカーからの情報収集体制の強化」「国独自の技術検証の充実」「国がリコールを勧告する制度のあり方の見直し」。ようは規制強化だ。国の監視・検証機能を強め、国が技術的な問題を検証できる体制にし、積極的にリコールを促せるようにする、という。

つまり、役所の予算増や増員を意味するものであり、官僚に作らせた案だということが容易に想像できる。予算を沢山とってきて、組織の拡大に貢献した役人が出世する仕組みだからだ。

一方で、1円もコストがかからない情報公開をしないのは、官僚は情報を隠すことが力の源泉になっているから。言うこときかないなら公開しちゃうよ、という睨みを利かせて、関連の業界団体に天下るわけである。政権をとる前は情報公開を進めると言っていた民主党（前原大臣）や社民党（辻元清美副大臣）だが、口ほどにもない。

国民の安全に関わる情報が役人に囲い込まれている現状は、国民の命よりも企業利益を優先する戦後の経済復興体制が続いていることを意味する。この国は変われない、国を信用しては絶対にいけない、と改めて実感した。

トヨタ問題の本質は、日本型統治機構の不全である

「戦後日本システム」破綻の象徴

最後に、今回、トヨタ問題で英仏韓の外国メディアから取材を受けた際に話したポイントを収録する。以下は韓国『エコノミスト』誌からのインタビューを要約したものである。

——日本は先進国だと思いますが、どうしてトヨタは日本で重い意味を持っているのですか？

日本が先進国なのは、物質的な豊かさにおいてのみです。欧米先進国に以下の点で劣ります。

第1に、マスコミ（ジャーナリズム）によるチェック機能が働かない。トヨタ自動車は2008年3月期に広告宣伝費を1000億円以上投じており、10年以上連続して1

位の座にいました。新聞・テレビは広告を収益源の柱としているため、トップクライアントのトヨタには経営陣がビクビクしており、マスコミがコントロール下に置かれています。

特に昨年度より、日本の大手マスコミ企業（新聞・テレビ・雑誌）が続々と赤字転落し、広告収入を減らされたら会社存亡の危機です。今回のリコール問題を受けての報道も、内容がトヨタの援護射撃でないと企画が通らない。米国での動きを垂れ流すだけで、独自の調査報道はどこもやりません。だから、リコール届出台数の年次推移といった基本的なデータすら、国民はマスコミ報道を通して知ることができない。

第2に、労組が機能していない。日本的経営の特徴の1つである企業別労働組合（欧米は職種別）と終身雇用によって、トヨタ労組は経営側と一体化し、「カネと雇用」以外の労働時間や休暇について、経営側と戦いません。

日本は、戦後の急速な経済成長で物質的な先進国になっていく過程で、多くのものを犠牲にしてきました。労働環境はその最たるもので、日本はヨーロッパ先進国と比べ、圧倒的に労働時間が長いうえ、「カイゼン提案」活動などの実質的なサービス残業や持ち帰り仕事も多く、時間も不規則。しかも、これは労使合意の上での強制的なものとなっており、社員に選択の余地がないために、過労死や過労自殺といった悲劇を生んでいる。

第3に、行政当局の監視が機能していない。自動車メーカーは3カ月ごとに国交省にリコール車の改善実施状況について報告を義務付けられますが、その情報すら国民には公開されない。国交省が国民よりもトヨタの立場でモノを考えている証拠です。

国交省はリコールの基準を曖昧にし、トヨタのリコール隠しに加担してきました。2000年と2001年に5万台程度だったリコール台数が、わずか数年後に、2年連続で200万台弱にまで激増したのは、それまで黙認してきたものが出てきたからです。この間、リコール届出の基準は何も変わっていません。

熊本で重傷事故が起きた「ハイラックス」のリコール隠し容疑による業務上過失傷害事件では、国交省は「業務改善指示」という甘い行政指導にとどめ、トヨタは2006年7月、過去の不具合情報を訂正（71件のクレーム隠しが発覚）した内部調査報告書を国交省に提出しただけで、責められませんでした。

その直後の会見では瀧本正民副社長らが頭を下げただけで、渡辺捷昭社長は姿も現さなかった。このとき、今回の米国議会のように社長を呼んで会見させ、品質管理を改善させていれば、米国でのリコール問題は未然に防げたはずです。当局としては、行政施策を進めるうえでトヨタの協力を仰ぎたいため、国民の立場よりもトヨタの立場を優先します。愛知万博ではトヨタの名誉会長が日本万博協会会長に就任し、トヨタが人もカネも負担しています。

「消費者」も「政治家」も機能せず問題がグローバル化

第4に、消費者団体が機能していないこと。ユーザーによる集団訴訟の話が進んでいる米国に比べ、日本では消費者や生活者の権利意識が低く、消費者の命に関わるリコール問題も、完全に行政まかせです。情報公開を求めることすらしません。

我々取材班が、国交省が公表する1件ごとのリコール情報の2004年～2006年の3年分すべて計1285件を「エクセル」で集計・分析した結果、同期間の販売台数512万台に対して、リコール台数511万台と、欠陥車率は99％になりました。トヨタは、消費者を無料のテストドライバー代わりに使っている。しかも、どれだけ修理したかも非公表。私が情報公開法に基づき調べたら、自分が乗っていたハイラックスは、半分しか改善措置を行っていなかった。

合計ではトヨタだけで欠陥車100万台超が市場に出回ったまま、放置されている（2007年6月時点）。今回のリコール問題で、『プリウス』についてテレビCMを打って早期に改善措置を講じるとPRしていますが、過去の危険な車は放置されている。それでも消費者は何も言いません。

第5に、政治が機能していないこと。日本の政治は、国民よりもトヨタの利益を優先してきました。最近になって前原国交大臣がリコール制度を見直す、と言い出していますが、2000年に三菱ふそうが、2006年にトヨタが、リコール隠し問題を起こしているのに、有効な対策を打たなかったことが問題をグローバル化させ、米国で死亡事故を多発させてしまった。

現在の直嶋正行経産大臣がトヨタ労組専従出身であるように、トヨタは政権中枢に利益代表者を送り込み、トヨタに有利な政策（エコカー減税など）ばかり実現させています。コストアップになるリコール制度の改革や、国民の監視にさらされる情報開示は、もちろん進めないつもりです。

以上5つの機能不全が日本にはあり、日本ではトヨタは大統領並みの力を持っている。その感覚のまま、相似形でグローバルに拡大していったため、米国で破綻を来した。米国には、トヨタに飼いならされたマスコミも政治家も当局も消費者もいないから、暴走は許されなかった、ということです。

日本は、高度経済成長に都合のよい大企業中心の戦後日本モデルから脱却し、多元的なチェック&バランスが機能する成熟した民主国家へと、フルモデルチェンジしなければいけません。

「サービスキャンペーン」の台数も非公表

——本を読んで「部品欠陥の問題が90年代からあった」ことが分かりました。今の事態は初めてではないのですか？

トヨタは欠陥車を、ずっと眠らせてきました。「サービスキャンペーン」などという手法で、事実上の闇改修を行い、問題が大きくならないようにしつつ、コストが高いリコールの届出を避けてきたのです。

トヨタはサービスキャンペーンを、2005年に12回、2006年に8回も行っていますが、台数はなんと非公表です。日本ではリコール制度が極めて甘く、今回のプリウスのブレーキ問題も、日本の法律上ではリコールする必要がありません。だから当初は「日本では自主改修、米国ではリコール」と報道されていました。さすがにそれではおかしい、批判は免れないということで、日本でもリコールにした経緯があります。それくらい、甘いのです。

――米国から始まったリコール問題への対応を見ると、トヨタらしくないと思いました。元来、トヨタはそのように対処していたのですか？

今回の後手後手の対応は、いかにもトヨタらしいものでした。前述のように、2006年7月のリコール隠し容疑の際も、謝罪会見を副社長に任せ、当時の渡辺捷昭社長が東京にいるにもかかわらず姿を現さなかった。誠実さのかけらもありません。消費者を軽視するトヨタにとっては、社長が出て行くことなど、理解できないことでした。日本の国会にトヨタの社長が呼ばれることは、絶対に考えられないことです。

不祥事の会見は、企業姿勢を見せる上でもトップが臨むのが慣例ですが、トヨタの常識では、副社長が対応します。それを米国でもやろうとしたら、米国議会が許さなかったわけです。トヨタの常識は日本でしか通用しません。

――「カイゼン」「4S活動」による社員の犠牲があればこそ世界のトヨタになったのだと思いますが、なぜそれが問題なのですか。社員の犠牲がなく破産したGMは、もっと苦しいのではないでしょうか？

カイゼンや4Sは企業として当然、社員に求めるべき効率化の活動で、それは本来、定時の時間内で業務として行う分には、犠牲でもないし問題ではありません。しかしカイゼン活動を、賃金のつかない無償の残業として強制したり、過労死ライン（月80時間）を超える長時間労働としてやらせることは、明確な犠牲であり問題です。GMは業務の効率化については、トヨタを見習うべきでした。

――トヨタの社員は、どうして不当な待遇を受けても自分の権利を主張しなかったのですか？　なぜ、無力なのですか？

労組が経営側と一体化した「御用労組」、事実上の「第2労務部」なので、一緒に社員としての権利を主張してくれる仲間がいないのです。日本は企業別労組で、企業横断的な職能組合ではないため、社外に協力者もいません。1人で主張しても勝ち目がなく、会社を辞めるしか手段がありません。

本来、労働環境を監督する立場にある行政（労働基準監督署）に持ち込んでもダメです。内野さんが過労死しても、労働基準監督署はなかなか過労死認定をせず、裁判までやらないと認定されなかったほどです。

——韓国ではトヨタｗａｙは超合理主義で紹介されましたが、先生は非合理的と言います。どうしてですか？

非合理なのは、人間を機械のように扱いすぎて、過労死や過労自殺を引き起こしたり、コストアップにつながるリコール台数を減らすために情報を隠してまで結果的にユーザーの安全を犠牲にしている点です。労働者や消費者を犠牲にした合理主義は長続きしないので、今回の米国でのリコール問題のように破綻し、結果的に合理的ではなくなります。

数年前の、営業利益を2兆円も出していた時代に、人（過労死するほど残業させるくらいならば人を追加で雇えばよかった）や品質（リコール対策に投資すべきだった）にコストをかけずに、規模拡大のための営業や生産にばかりコストをかけたのが問題です。

――トヨタの危機脱出方法はなんだと思いますか？

徹底した情報公開です。日々のクレーム件数やその内容の開示、「サービスキャンペーン」「自主改修」「リコール」のそれぞれに至る経緯や社内議論の開示、リコールを届け出たものについては、その改善実施がどれだけ進んでいるかの、3カ月ごとの進捗率の開示。

一時しのぎのお詫びCMなど無意味です。またマスコミにカネを流して懐柔しようとしている。消費者の立場に立てば、まったく誠実な対応とは言えません。しかも、米国での問題を受けて、何も変えようとしていない。反省も口だけです。取材に対しても、安全情報の公開を進めるつもりは全くないと言っています。トヨタ自身が反省しないし、日本では社外からのチェック＆バランスも利かない。残念ながら、同じ問題が繰り返される、と予想せざるを得ません。

――『トヨタの闇』を書いた理由はなんですか。日本を代表する企業を批判するのは難しいと思いますが。

権力の監視はジャーナリストの職業的使命です。トヨタは、日本社会の縮図。日本は未だに、経済成長第一主義ともいえる戦後の統治システムを引きずっている。日本を象徴する企業であるトヨタの問題点が明らかになって改善に向かうことで、「消費者や国民の安全、及び働く者の命が、企業利益よりも重視される社会」になってほしいと思っています。

たとえば、路上にバナナの皮が落ちていたとしよう。うっかり滑って転び、頭でも打ったら大ケガをしかねない。だが、「危ないよ」という声を無視し、バナナの皮に向かって歩んでいるのが、いまのトヨタ自動車ではないのか。

トヨタは、世界一の自動車メーカーになった。その原動力は、1分1秒、1ミリの隙《すき》も見逃さない徹底した効率優先主義にある。そして、失敗がないことを前提にシステムが確立されている。しかし、そこで働くのは人間である。いくら技術革新されたところで、生物としての人間そのものは昔と変わらない。機械のようにはいかないし、風邪で体調を悪くすることもあれば、失敗もする。

だが、これらを無視しているのが「トヨタシステム」である。したがって、超合理主義に見えながら、実は非合理的システムだともいえる。にもかかわらず、例外を除いて内部告発はなく、マスコミなど外部からの批判もないために、社内の思想統制によって現在のシステム＝体制が温存され、大きな自己改革も起きていない。

本来的に無理なことをしているのだから、このまま続けば、いつか破綻を来すだろう。世界のどこで、どういう形で起きるかわからないが、そう遠くない将来に大問題を起こすのではないかと私は見ている。

本書を取材執筆しているうちに、私の頭に浮かんできたのは旧日本軍である。日清戦争以降、大日本帝国の膨張とともに軍も肥大化し強権化していった。とくに日露戦争辛勝以後、軍の残虐性は増し、人間（兵士）を機械に変えることが徹底して推進され、兵士（社員）を疲弊させ、外部には残虐行為を行った。「負けてはいけない」（失敗してはいけない）と徹底的に兵を追い詰めた。そして勝者が敗者を完全制圧し、敗者が勝者に全面屈服するという戦争観が強かった。

一方、ヨーロッパなどでは、戦争で勝ち負けを繰り返して国境線も変わり、駆け引きによる〝半勝利〟と〝半敗北〟は当たり前。そのうえ何度も革命を経験しているだけに、「バナナの皮が……」などと権力者に都合の悪いことを言う国内の反対勢力や外国勢に、「負けることもあり得る」という考えがある。つまり、頭の片隅でバナナの皮を意識している、といえるのではないか。実に狡猾《こうかつ》であるが、取り返しのつかない大失敗を防ぐための経験的知恵だ。

もちろん日本にも、「このままだと転ぶからバナナの皮をかたづけよう」「いや、それより迂回《うかい》したほうが早い」と指摘するまともな軍人や、外部の批判者もいた。しかし、軍・政府は批判者を徹底的に弾圧したあげく、昭和20年8月15日に向かって破滅の道を歩んだ。バナナの皮は、撤去されなかったのである。

とはいえ、トヨタ関係者のなかからは、少ないながらも「バナナの皮」に目を向けさせてくれる人々が出てきた。本書でとりあげた、過労死した社員の妻、内野博子さん、デンソーの北沢俊之さん、闘う労働組合の若月忠夫さん、偽装請負を告発した矢部浩史さんたち、そしてリコールの数々。それらは、バナナの皮＝危険、を知らせる重要な役割を担っている。せっかく提起されたさまざまな問題を放置しておいたら、トヨタという会社も社員も消費者も、危なくなるのである。本来ならトヨタ経営陣は、彼らに感謝状を贈らなければならない。

そして、彼らが声を上げて一歩を踏み出したことで、ほんの少しとはいえ会社も変わってきた。たとえば、過労死裁判が進められるなかで、トヨタ本体は月45時間の残業に抑えるようになったという（正確な実態は未確認）。またデンソーのパワハラ裁判の影響で、それまで心身を病んで退職したり自殺する人に有効な対策をとってこなかった会社側が、多少なりとも配慮するようになった。それは北沢さんが意を決して立ち上がったからである。同じように、たった15人でも若月忠夫さんを中心に全トヨタ労働組合が結成された。これも確実な一歩である。

トヨタの労使関係は、産業界に大きな影響力がある。若月さんの言葉を借りれば「トヨタが変われば日本が変わる」。だからこそ、声を上げ始めた人々の役割は貴重なのだ。

最後に、さまざまな人びとの協力によって本書を世に出すことができたことを一言記しておきたい。出版に同意してくれたビジネス社と担当の石川明子氏。ストリップショーの記事で協力いただいたルポライターの諏訪勝氏、同じく偽装請負の記事で協力いただいたジャーナリストの伊勢一郎氏らに感謝します。

なによりも、この本に登場してトヨタの内実を語ってくれたすべての方々に、この場を借りてお礼申し上げます。

２００７年10月　　　林　克明

文庫版あとがき

レクサス、プリウス、カムリ……トヨタを代表する車が、2009年秋より次々と世界中でリコールされ、驚きとともに報じられた。しかし我々は、まったく驚かなかった。既にその相似形が、明確に国内において2007年までに発生していたからだ。

その警告の意味を込めて『トヨタの闇』は発売された。従って、やはりそうなってしまったか、という残念な気持ちはある。

単行本発売後、内野さんが過労死認定されたのはせめてもの救いだったが、2008年6月には『カムリ』開発責任者の過労死認定があり、2010年3月12日には、製造ライン上の『プリウス』車内で40代とみられる男性期間工が遺書を残して硫化水素自殺するという、何かを訴えかけるようなニュースが飛び込んできた。場所は、トヨタ車体富士松工場（愛知県）である。

『プリウス』は言うまでもなく、トヨタを代表する車だ。過労死した内野さんはトヨタの中核工場である堤工場で車体の品質検査を担当していた。『カムリ』といえば、世界100以上の国・地域で販売される人気車で、北米ではドル箱商品である。そして、カリフォルニアで暴走して4人の命を同時に奪ったリコール車は、高級車『レクサス』だった。事件は、いずれも「トヨタの顔」といえる中心部分で起こっている。

開発者は過労死し、製造ラインでは期間工が自殺、品質管理の社員も過労死。そうやって無理して製造した車を販売するから欠陥車が増えて暴走し、ユーザーも亡くなる。

国内でストップをかけるべき各セクターはそれぞれ機能不全に陥り、チェック&バランスも働かない。国交省はリコール隠し容疑による重傷事故でもトヨタの社長を呼び出すことすらせず、政治家は甘いリコール制度を放置し、マスコミは広告宣伝費で懐柔され、消費者は情報公開を求めず、労組は経営側と一体化して雇用と賃金のみに固執し品質や労働環境は後回し。

これが、直視すべきトヨタ自動車および日本の現実の姿である。インターネット新聞『MyNewsJapan』で「マスコミが書けない本当のトヨタ」と題する連載企画を始めたのは2006年7月だった。今後も続けるので、現場からの善意の情報提供をお願いする。

2010年4月

MyNewsJapan編集長　渡邉正裕

本書は二〇〇七年十一月、ビジネス社から刊行されたものを加筆・訂正し、新たに第6章を増補した。

ちくま文庫

トヨタの闇《やみ》

二〇一〇年五月十日　第一刷発行

著　者　渡邉正裕（わたなべ・まさひろ）
　　　　林　克明（はやし・まさあき）

発行者　菊池明郎

発行所　株式会社　筑摩書房
　　　　東京都台東区蔵前二―五―三　〒一一一―八七五五
　　　　振替〇〇一六〇―八―四一二三

装幀者　安野光雅

印刷所　中央精版印刷株式会社

製本所　中央精版印刷株式会社

乱丁・落丁本の場合は、左記宛に御送付下さい。
送料小社負担でお取り替えいたします。
ご注文・お問い合わせも左記へお願いします。
筑摩書房サービスセンター
埼玉県さいたま市北区櫛引町二―六〇四　〒三三一―八五〇七
電話番号　〇四八―六五一―〇〇五三

ISBN978-4-480-42717-5 C0136